U0098694

實戰 **Tableau**
資料分析與視覺化分析

～ 透過練習學會可立刻派上用場的技巧 ～

松島七衣 著・許郁文 譯

SE
SHOEISHA

Tableau ユーザーのための伝わる！わかる！データ分析 × ビジュアル表現トレーニング

(Tableau User no Tame no Tsutawaru! Wakaru! Databunseki×Visual Hyogen Training : 6991-0)

© 2021 Nanae Matsushima

Original Japanese edition published by SHOEISHA Co., Ltd.

Traditional Chinese Character translation rights arranged with SHOEISHA Co., Ltd.

through JAPAN UNI AGENCY, INC.

Traditional Chinese Character translation copyright © 2023 by GOTOP INFORMATION INC.

前言

本書的目的是「讓更多人使用 Tableau」。讓我們透過實際演練，了解 Tableau 的操作與邏輯，培養 Tableau 大腦。本書以曾經使用 Tableau 繪製圖表的人，或是曾學過基礎操作，想進一步實際演練的人為對象，並以辦公業務及 Tableau 證照考試為前提，希望透過本書讓大家能不假思索地完成分析。一旦學會一連串的操作，就能混合各種使用方法，進行更廣泛的分析。

要學會一套軟體，不能只是學會操作與邏輯，還必須邊思考邊演練，兼顧輸入與輸出。在實務裡，分析課題與 Tableau 的操作通常是雙管齊下的，所以本書將把重心放在 Tableau，努力提升相關的技巧。

為了讓大家更有效率地學習，本書大量介紹了各種技巧與 Tips。由於能快速找到每個問題的解決方案，所以能快速地提升 Tableau 的技巧。本書除了介紹常見的技巧以及問題之外，也介紹一些需要 Tableau 獨特創意的內容，所以大家能透過本書學會更多分析技巧，全面提升 Tableau 的實力。此外，分析對象的資料除了與產品一起附贈的資料之外，也使用了許多外部資料，所以也能幫助大家強化處理各種資料的能力。順帶一提，本書不會介紹那些高難度的課題，例如需要複雜的操作才能解決的課題，也不會介紹某個業界才有的特殊課題。

建議大家先自行解答各演練的題目。不斷地嘗試解題，才能更快學會需要的能力。要讓實力升級的話，建議大家騰出一段能夠完全專心的時間，一氣呵成地練習才會更有效率。

在完成各演練的題目之後，務必回顧大致的流程，退一步客觀看待問題。請試著自行解釋與整理各演練的 Point 的內容。不但要解決每道演練題目，還要了解題目的根本，日後才能應用這些解決問題的能力。

想要熟悉 Tableau，就必須多練習、多累積經驗。持續練習那些不容易記住的題目，藉此學會思考模式。在大量練習之下，練習的品質也會跟著提升。建議大家不要只是瀏覽步驟，而是要實際動手演練。勤加練習，總有一天會有所突破。

如果能隨心所欲地操作 Tableau，就能在短時間之內完成高品質的分析。但願有更多人能夠體驗使用 Tableau 進行視覺分析的趣味與益處。

松島 七衣

目錄

Chapter
2 用技巧解決 ⋯⋯⋯⋯⋯⋯⋯⋯⋯⋯⋯⋯⋯⋯⋯⋯⋯⋯⋯⋯⋯⋯⋯ 59

Chapter

3 算出需要的值 119

本書的使用方法

本書的目標讀者與需要的基本技巧

本書以了解 Tableau 的基礎知識（用語及介面）與基本的操作方法（資料連線、建立圖表、表格、儀表板）的讀者為對象，透過演練帶著大家更熟悉 Tableau，並介紹於日常業務應用的技巧。因此省略了許多說明，還請大家諒解。

本書的撰寫環境與使用本書的注意事項

本書對應的是「Tableau Desktop」這個版本。內文會簡單地介紹與其他版本併用的重點與注意事項。

本書是於下列的環境撰寫，以及驗證範例是否能正常運作。每位讀者的螢幕解析度都不同，所以本書的螢幕截圖有可能與讀者的畫面不同，還請大家見諒。

「操作與驗證環境」

- Windows 10 Pro

- Tableau Desktop 2021.2

Tableau 是每天都在更新的產品。本書是根據執筆時的版本撰寫，所以各位讀者在使用本書的時候，Tableau 的版本有可能已經更新。

頁面元素與編排

本書是以演練主題來分章節，題目與解題會與下一張圖的元素一起介紹。解答的部分會介紹製作、改善視覺化分析以及計算數值所需的步驟。請您先自行解題後再對答案。

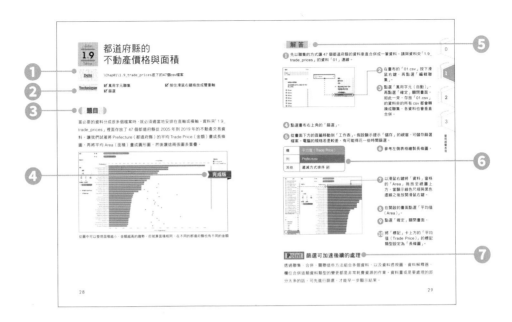

❶ **Data** ：該演練使用的資料。在解題時，請務必要確認這個部分。相關細節請參考後續的「本書的資料」以及「附屬資料介紹」

❷ **Technique** ：介紹演練所需的技巧，也是解題的線索。大家可視情況參考。

❸ **問題** ：介紹以「Data」的資料製作的視覺化分析或是要計算的值。在改造視覺化分析的 Chapter 2 的部分可下載問題的視覺化分析，改善下載的資料。

❹ **完成版** ：Chapter 0 ～ Chapter 2 會在題目或是解答中介紹完成的視圖。

❺ **解答** ：介紹製作與改善視覺化分析以及計算數值所需的步驟。也會於「Point」介紹其他的解法。

❻ 欄位的連續與不連續：各欄位（放在功能區的欄位）會以下列的顏色區分連續與不連續的欄位。

連續的欄位	以綠色標記		不連續的欄位	以藍色標記

❼ **Point** ：快速說明該演練的重點。

本書的畫面快捷鍵與按鍵操作

本書的畫面快捷鍵與按鍵操作都是 Windows 版本。使用 macOS 的讀者可參考下表來轉換。

Windows	按住 「Ctrl」 再點選	macOS	按住 「Command」 鍵再點選
Windows	按住滑鼠右鍵拖放	macOS	按住 「Option」 鍵拖放

不同版本在介面與操作方法的差異

自 2020.2 版之後，介面與操作方法有部分變更。假設您使用的是 2020.2 之前的版本，還請閱讀下列的內容，再視情況自行解讀。

■ 確認產品版本的方法

從選單點選「說明」，再點選「關於 Tableau Public」即可確認產品的版本。

版本資訊

■ 不同版本在組合多種資料來源的差異

不同的版本，在「資料來源」頁籤將第二筆資料拖放至畫布的預設值有所不同。

- 2020.2 之後的版本：關聯
- 2020.1 之前的版本：合併

在關聯畫面雙擊表單，就能切換成與 2020.1 一樣的介面。

2020.2 之後的版本

2020.1 之前的版本

■ 不同版本在「資料」窗格的差異

自從 2020.2 版之後，每個邏輯表單（資料的集合）都有獨立的「工作表」頁籤與「資料」窗格，而每個邏輯表單都會顯示代表列數的「表單名稱（數量）」。2020.1 之前的版本是以維度與度量分類，列數則以「記錄數」標記。

20202.2 之後的版本　　　　　　　　　　2020.1 之前的版本

需要先學會的使用方法與操作方法

一如前述，本書是以具備 Tableau 的基礎知識（用語與介面操作）以及基本操作方法（資料連線和建立圖表、表、儀表板）的人為目標讀者。雖然會省略部分說明，但建議大家記住下列這些內容，才能更輕鬆地閱讀本書。

■ 在「工作表」頁籤快速完成操作的方法

本書大部分的操作都在「工作表」頁籤進行與演練。參考下圖就能有效率地完成操作。

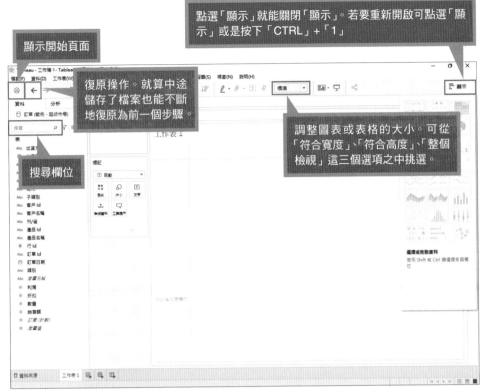

點選「顯示」就能關閉「顯示」。若要重新開啟可點選「顯示」或是按下「CTRL」+「1」

顯示開始頁面

復原操作。就算中途儲存了檔案也能不斷地復原為前一個步驟。

調整圖表或表格的大小。可從「符合寬度」、「符合高度」、「整個檢視」這三個選項之中挑選。

搜尋欄位

在「工作表」頁籤快速完成操作的方法

■ 在將欄位放入功能區時出現的警告畫面

將欄位放入功能區的時候，有可能會出現下面這種警告訊息，此警告訊息會在放入功能區的維度太多種，或是在視圖顯示的圖表太大時顯示。主要是提醒使用者，目前已經超過可顯示的數量，效能有可能會因此下降。如果想繼續使用所有的值，請點選「新增所有成員」。

顯示的警告畫面

■ 顯示「篩選條件」的方法

在此介紹將篩選條件拖放至「篩選條件」功能區之後，在視圖的右側顯示篩選條件的方法。

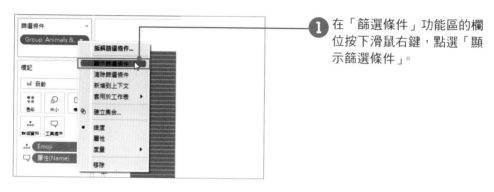

1 在「篩選條件」功能區的欄位按下滑鼠右鍵，點選「顯示篩選條件」。

2 畫面右上角會顯示篩選條件。可視情況點選篩選條件的下拉式箭頭「▼」，從選單之後選擇篩選條件的格式。

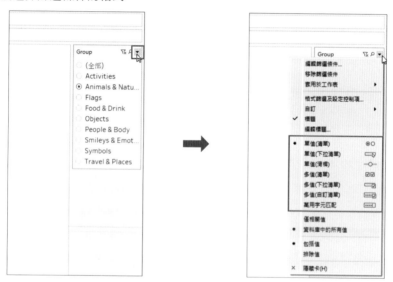

■ 日期欄位的深層挖掘

日期型欄位預設具有階層構造。所以點選放入功能區的欄位，就能依照年＞季＞月＞天的順序，一層層深入每個階層。

1. 舉例來說，點選功能區的欄位「年」的左側「+」符號，就會在右側新增「季」的欄位。若再點選「季」欄位左側的「+」，就會新增「月」欄位，如果再點選「月」欄位左側的「+」，則會於右側新增「天」欄位。

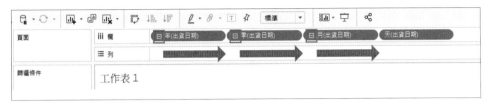

2. 若要刪除多餘的欄位可將欄位拖放至視圖之外，或是在欄位按下滑鼠右鍵，再點選「移除」。

 # 本書的資料

本書將使用 Tableau Desktop 附贈的「範例－超級市場 .xls」以及「附屬資料」進行演練。

■ 範例 - 超級市場

在 Chapter 0 與 3.22 建立製圖與製表時，使用安裝 Tableau Desktop 的「範例 - 超級市場 .xls」Excel 檔案以及零售店的「訂單」工作表的資料。請參考下列資訊，與需要的資料連線。

\ 我的 Tableau 存放庫 \ 資料來源 \ ＜版本編號＞ \zh_TW-APAC\ 範例 - 超級市場 .xls

※「我的 Tableau 存放庫」資料夾會在 Windows 環境底下的「文件」或「我的文件」建立，macOS 環境的話，則是在「文件」底下建立。

此外，於本書執筆之際，與 Tableau Desktop 附贈的「訂單」工作表的「訂購日」是介於 2018 年至 2021 年這四年的資料，有些版本的訂購日則是 2017 年至 2020 年的資料，與本書的日期不同。不過，就算日期不同，但資料的內容是相同的。如果您使用的「訂單」日期與本書不同，可根據「這是弟幾年的資料」自行判斷對應的年份。

■ 附屬資料

Chapter 1、Chapter 2、Chapter 3 都會利用本書的「附屬資料」來實作練習。這份「附屬資料」收錄了「完成版」圖表的檔案（.twbx），以及 Chapter 2 題目的視覺化分析（＝改善前的視覺化分析）。關於下載「附屬資料」的方法請參考下列的「附屬資料下載」。

附屬資料下載

本書使用的附屬資料請於碁峰資訊網站下載：

http://books.gotop.com.tw/download/ACD022400

※ 附屬資料的檔案為 zip 壓縮檔。其內容僅供合法持有本書的讀者使用，未經授權不得抄襲、轉載或任意散佈。

◆注意
※ 作者與株式會社翔泳社以及相關權利者擁有附屬資料的所有權利。
※ 附屬資料可能未經公告而停止提供，敬請諒解。

◆免責事項
※ 附屬資料皆根據本書執行之際的情況製作。
※ 作者與出版社皆不對附屬資料的內容提供任何保證，請自行負責運用附屬資料所產生的任何後果。

Chapter

0

Tableau

利用拖放與
點選製作

讓我們試著製作題目裡的視覺化分析。
本章介紹透過幾次拖放與點擊就能製作
完畢的內容。希望大家在閱讀本書時，
能不斷地練習，直到能立刻完成本書介
紹的課題為止。也請大家邊操作，邊思
考為什麼會出現這類視覺變化。

為每個子類別建立業績的長條圖

Data

我的 Tableau 存放庫 \ 資料來源 \< 版本號碼 >\zh_TW-APAC\ 範例 - 超級市場 .xls「訂單」工作表

※「我的 Tableau 存放庫」資料夾會在 Windows 環境底下的「文件」或「我的文件」建立，macOS 環境的話，則是在「文件」底下建立。

題目

最基本的視覺表現就是長條圖。首先透過簡單的長條圖了解產品的操作。讓我們試著依照由大至小的銷售額排列子類別，再利用顏色標記利潤。

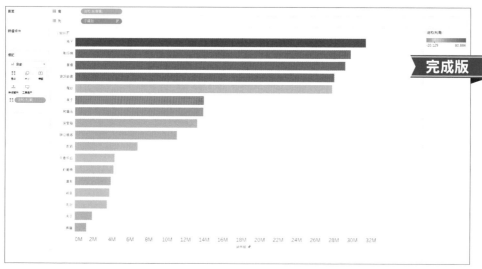

完成版

銷售額最高的是椅子，桌子的銷售額雖然不低，但是利潤卻是赤字

解答

欄	總和（銷售額）
列	子類別
「標記」卡的「色彩」	總和（利潤）
其他	遞減排序

Section
0.2
Tableau

Data

為每個地區各類別的銷售額繪製堆疊長條圖

我的 Tableau 存放庫 \ 資料來源 \< 版本號碼 >\zh_TW-APAC\ 範例 - 超級市場 .xls「訂單」工作表
※「我的 Tableau 存放庫」資料夾會在 Windows 環境底下的「文件」或「我的文件」建立，macOS 環境的話，則是在「文件」底下建立。

題目

試著利用顏色標記長條圖的細項：讓每個地區的銷售額依照降冪的順序排列，再利用顏色標記每個項目。

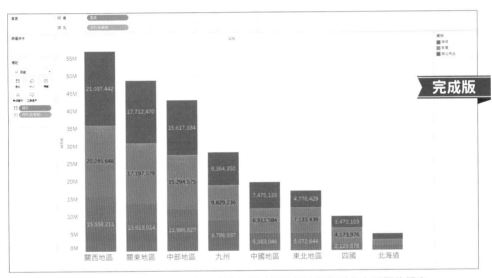

銷售額的高低順序為關西大於關東；各區域的各類別銷售額比例似乎沒有明顯的傾向

解答

欄	區域
列	總和（銷售額）
「標記」卡的「色彩」	類別

「標記」卡的「色彩」	總和（銷售額）
其他	遞減排序

3

為每個子類別繪製利潤與折扣率的長條圖

Data　我的 Tableau 存放庫 \ 資料來源 \< 版本號碼 >\zh_TW-APAC\ 範例 - 超級市場 .xls「訂單」工作表

※「我的 Tableau 存放庫」資料夾會在 Windows 環境底下的「文件」或「我的文件」建立，macOS 環境的話，則是在「文件」底下建立。

題目

可以在一個視窗之中，塞入多個圖表。讓我們試著顯示每個子類別的利潤與平均折扣率，再依照降冪的順序排列利潤。

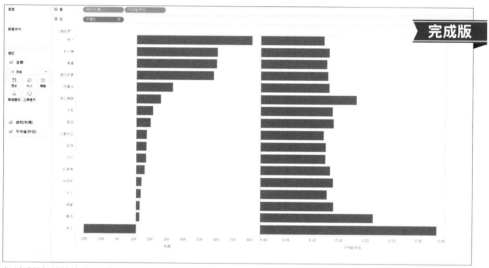

完成版

無法創造利潤的桌子或是利潤較低的畫具，折扣率都很高

解 答

欄	總和（利潤）、平均值（折扣）※ （※「平均值（折扣）」的設定是先將「平均值折扣拖放至「欄」，再按下滑鼠右鍵，點選「度量（總和）＞平均值」
列	子類別
其他	遞減排序 📑

以年、月為單位，繪製各類別銷售額的折線圖

Data

我的 Tableau 存放庫 \ 資料來源 \< 版本號碼 >\zh_TW-APAC\ 範例 - 超級市場 .xls「訂單」工作表

※「我的 Tableau 存放庫」資料夾會在 Windows 環境底下的「文件」或「我的文件」建立，macOS 環境的話，則是在「文件」底下建立。

題目

若以日期型欄位與量度顯示圖表，就會自動新增折線圖。試著利用訂單日期的年與月的資料繪製銷售額趨勢的折線圖，再以顏色標記各類別。

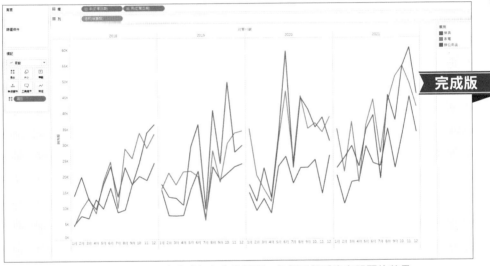

銷售額有增加的傾向。有些月份的增減幅度非常明顯。各類別似乎沒有明顯的差異。

解答

欄	年（訂單日期）、月（訂單日期）
列	總和（銷售額）
「標記」卡的「色彩」	類別

Section

0.5
Tableau

以月為單位，繪製
各年度銷售額的折線圖

Data

我的 Tableau 存放庫 \ 資料來源 \< 版本號碼 >\zh_TW-APAC\ 範例 - 超級市場 .xls「訂單」工作表

※「我的 Tableau 存放庫」資料夾會在 Windows 環境底下的「文件」或「我的文件」建立，macOS 環境的話，則是在「文件」底下建立。

題目

調整日期型欄位的日期單位，往往可以找到新的發現。讓我們試著將訂單日期的每月銷售額畫成折線圖，再以顏色標記年份，並加上年度的標籤。

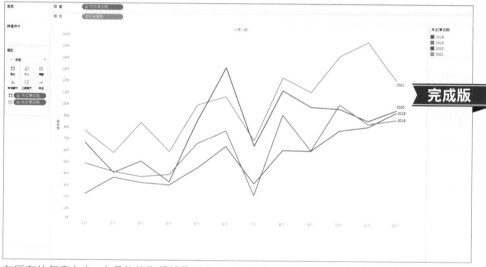

在所有的年度之中，七月的銷售額都是下滑的。各折線的趨勢非常類似，所以銷售額的增減應該與季節有關係

解答

欄	月（訂單日期）
列	總和（銷售額）
「標記」卡的「色彩」	年（訂單日期）
「標記」卡的「標籤」	年（訂單日期）

0

1

2

3

為每個子類別與區域 繪製數量的交叉表

我的 Tableau 存放庫 \ 資料來源 \< 版本號碼 >\zh_TW-APAC\ 範例 - 超級市場 .xls「訂單」工作表

※「我的 Tableau 存放庫」資料夾會在 Windows 環境底下的「文件」或「我的文件」建立，macOS 環境的話，則是在「文件」底下建立。

利用拖放與點選製作

題目

讓我們一起學習交叉表的製作方法。若是將度量拖放至列或欄，就會自動產生圖表，但是拖放到標籤就會產生彙整表。讓我們試著依照地區分類類別與子類別，再顯示數量的交叉表。

完成版

類別	子類別	關西地區	關東地區	九州	區域 四國	中國地區	中部地區	東北地區	北海道
傢具	桌子	164	125	35	13	53	121	46	21
	椅子	695	718	442	116	292	626	206	98
	家具	534	418	276	98	148	486	154	99
	書櫃	529	521	206	61	198	402	134	71
家電	影印機	474	369	237	104	193	527	142	59
	辦公機器	294	280	141	35	83	211	79	40
	電話	530	557	225	106	151	387	197	91
	附屬品	518	467	339	110	233	406	197	56
辦公用品	資訊教育	400	351	220	43	138	339	154	49
	夾子	538	482	270	65	197	442	189	77
	釘書機	722	908	324	149	276	634	217	67
	標籤	485	551	209	113	171	441	196	83
	藝員	525	561	202	93	196	402	236	95
	紙張	557	508	223	144	169	427	156	101
	信封	519	434	222	94	180	478	143	91
	文書用品	534	540	244	95	196	411	167	57
	保管箱	621	599	363	91	229	601	202	113

要想取得正確的數字，交叉表是很不錯的工具，但如果想要了解或發現趨勢，就應該繪製圖表或是利用背景標記顏色的表格呈現。

解答

欄	區域
列	類別、子類別
「標記」卡的「文字」	總和（數量）

利用每個類別的產品名稱
繪製銷售額與利潤的散布圖

Data

我的 Tableau 存放庫 \ 資料來源 \< 版本號碼 >\zh_TW-APAC\ 範例 - 超級市場 .xls「訂單」工作表

※「我的 Tableau 存放庫」資料夾會在 Windows 環境底下的「文件」或「我的文件」建立，macOS 環境的話，則是在「文件」底下建立。

題目

散布圖可說明兩種度量之間的相關性。讓我們試著繪製以銷售額為橫軸，以利潤為直軸的各產品名稱散布圖，再顯示產品名稱以及利用顏色標記類別。

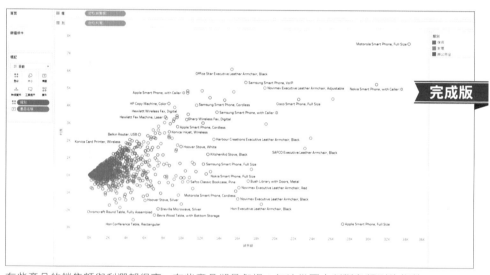

有些產品的銷售額與利潤都很高，有些產品卻是虧損；無法從圖中判斷各類別的趨勢

解答

欄	總和（銷售額）
列	總和（利潤）

「標記」卡的「色彩」	類別
「標記」卡的「標籤」	產品名稱

Section

0.8

Tableau

製作各都道府縣的
利潤地圖

Data

我的 Tableau 存放庫\資料來源\<版本號碼>\zh_TW-APAC\範例-超級市場.xls「訂單」工作表

※「我的 Tableau 存放庫」資料夾會在 Windows 環境底下的「文件」或「我的文件」建立，macOS 環境的話，則是在「文件」底下建立。

題目

要根據地理關係掌握值，可直接畫在地圖上面。讓我們試著以顏色標記各都道府縣的利潤。

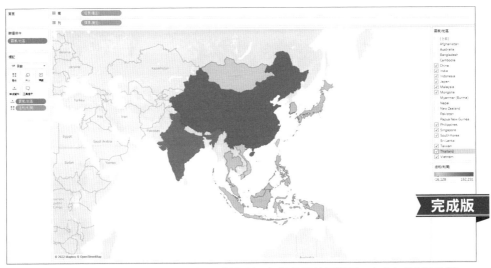

完成版

從圖中可以發現，西日本的靜岡縣是利潤最低的縣。虧損的縣其周邊不一定會無法創造利潤

解答

「標記」卡的「詳細資料」	都道府縣※ （※ 在「資料」窗格按下滑鼠右鍵，再點選「地理角色」>「國家 / 地區」）
欄	經度（產生）
列	緯度（產生）

「標記」卡的「色彩」	總和（利潤）
篩選條件	國家/地區※ （※選擇關西地區、九州、四國、中國地區、中部地區）

COLUMN

連接檔案的資料來源

要從 Tableau Desktop 與檔案的資料來源連續，可使用方便好用的快捷鍵功能。

只需要將想連接的資料拖放至 Tableau Desktop 的圖示，就能開啟與該資料連接的工作表。

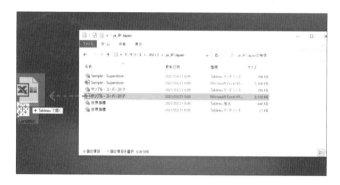

開啟工作表之後，將要連接的資料拖放至開始頁面或工作表，也可以與該資料連線。

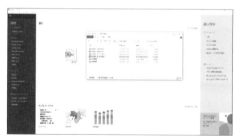

在「資料來源」頁面拖放要連接的資料之後，就會以「新增」資料的方式，和已經連接的資料來源接續。這些資料會以關係或連結的方式組合。

重現視覺表現

接著讓我們試著繪製視覺表現。就算沒辦法立刻繪製成功也無所謂，重複練習與嘗試才是重點。在每次完成操作之後，觀察產生變化的視覺效果，一步步熟悉 Tableau 的操作與掌握 Tableau 的運作方式。等到能不假思索地重現題目的視覺表現，代表你已經學會 Tableau 的操作了。

過去 12 個月的每月降雨量

Data　\Chap01\1.1)rainfall)tokyo(2000_2021).csv

Technique　☑ 平均線
　　　　　　☑ 篩選條件（相對日期）

題目

長條圖非常適合用來比較值。請利用東京都每日降雨量的資料，替最近 12 個月（包含 2021 年 4 月底的資料）繪製降雨量以及代表平均值的線。

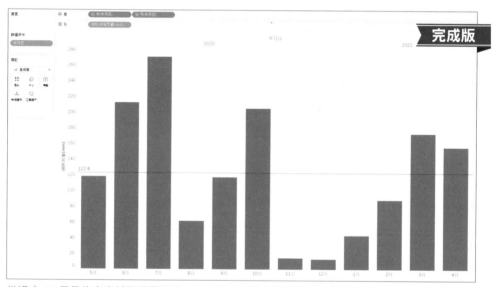

從過去 12 個月的東京都降雨量來看，5 月與 9 月幾乎算是符合平均值，7 月的降雨量最高，11 月與 12 月的降雨量非常低。

解 答

列	年（年月日）、月（年月日）
行	合計（總降雨量(Mm)）

1 先繪製長條圖。請參考左側的表繪製視圖。

2 將「標記」卡的標記類型設定為「長條圖」。

③ 從「資料」窗格將「年月日」拖放至「篩選條件」功能區。

④ 點選「相對日期」。

⑤ 點選「下一步」。

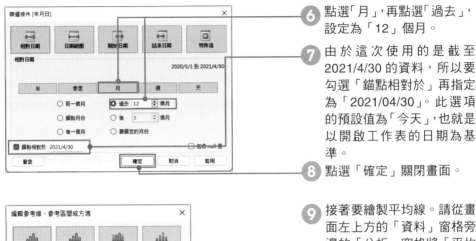

⑥ 點選「月」，再點選「過去」，設定為「12」個月。

⑦ 由於這次使用的是截至 2021/4/30 的資料，所以要勾選「錨點相對於」再指定為「2021/04/30」。此選項的預設值為「今天」，也就是以開啟工作表的日期為基準。

⑧ 點選「確定」關閉畫面。

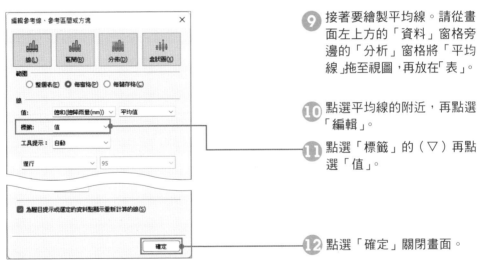

⑨ 接著要繪製平均線。請從畫面左上方的「資料」窗格旁邊的「分析」窗格將「平均線」拖至視圖，再放在「表」。

⑩ 點選平均線的附近，再點選「編輯」。

⑪ 點選「標籤」的（▽）再點選「值」。

⑫ 點選「確定」關閉畫面。

Point 相對日期這個篩選條件的設定

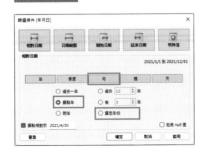

讓我們試著在基準為 2021/4/30 的時候，比較以相對日期的過去 12 個月為基準，以及以錨點年與今年為基準的差異。從「篩選條件」視窗的右上角可以確認篩選的期間。

· 過去 12 個月：2020/5/1 ～ 2021/4/30

· 錨點年：2021/1/1 ～ 2021/12/31

· 今年：2021/1/1 ～ 2021/4/30

每月取消數量與住宿數量的趨勢

Data Chap01\1.2_hotel_bookings.csv

Technique
☑ 製作日期欄位　　　　　　　☑ 別名
☑ 度量與維度　　　　　　　　☑ 按下滑鼠右鍵拖放與指定彙整方式

題目

要比較兩個度量在時間上的變化時，可試著在同一張圖表放入兩張折線圖。讓我們試著將各列設定為預約資料，再分成 City Hotel（都會旅館）與 Resort Hotel（度假村），然後以顏色標記 Is Canceled（是否取消），顯示每個月的預約數量趨勢。代表日期的年月日欄位分別是 Arrival Date Year、Arrival Date Month、Arrival Date Day of Month。

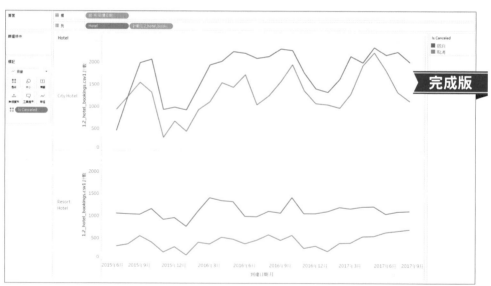

都會旅館的預約數量會於冬季下滑，看來有所謂的季節性問題，有些月份的取消預約數量與住宿數量相同

解答

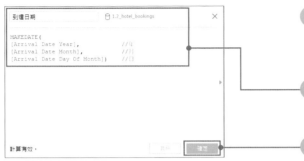

1. 要先利用年、月、日的欄位新增日期欄位。從選單列點選「分析」>「建立計算欄位」。

2. 將名稱設定為「到達日期」，再依圖中內容設定公式。

3. 點選「確定」關閉畫面。

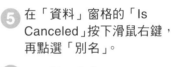

4. 接著要建立判斷住宿或取消的欄位。從「資料」窗格將「Is Canceled」從度量拖放至維度。度量會以 0 與 1 進行總和或其他類型的彙整，而維度則以 0 與 1 進行彙整。

5. 在「資料」窗格的「Is Canceled」按下滑鼠右鍵，再點選「別名」。

6. 如圖輸入內容。

7. 點選「確定」關閉畫面。

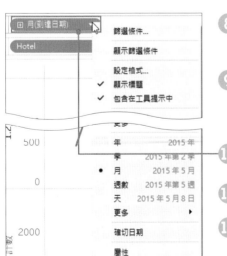

8. 接著要繪製折線圖。從「資料」窗格將「1.2_hotel_bookings.csv（計數）」。

9. 以滑鼠右鍵點選「資料」窗格的「到達日期」，再將「到達日期」拖放至「欄」。按住滑鼠右鍵拖放至功能區的操作可指定彙整方式。

10. 「放置欄位」視窗開啟後，點選「月（到達日期）」。

11. 點選「確定」關閉畫面。

12. 將「資料」窗格的「Hotel」拖放至「列」，再將「Is Canceled」拖放至「標記」卡的「色彩」。

Section 1.3 Tableau

市區町村的 Airbnb 數量與評價

Data　\Chap01\1.3_airbnb_listings.csv

Technique
☑ 相異計數　　　　　　　　　　　　☑ 編輯顏色
☑ 以滑鼠右鍵拖放與指定彙整方式

題目

長條圖能透過長度與顏色突顯不同的資訊。讓我們以較少的元素數量，繪製簡潔的圖表吧。我們目前手邊有東京都 Airbnb 旅館的資料，讓我們試著調查各市區町村的旅館 Host ID 有幾人，以及繪製平均評價吧。讓 Neighbourhood Cleansed（市區町村）依照 Host Id 的數量降冪排列，再替平均 Review Scores Rating（評價）標記顏色。此外，只顯示 Host Id 大於等於 30 的 NeighbourhoodCleansed。

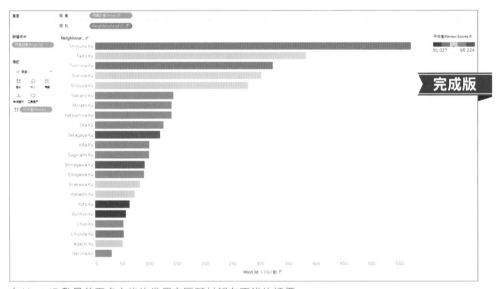

在 Host ID 數量前五名之後的幾個市區町村都有不錯的評價。

解答

1 先繪製長條圖。將「資料」窗格的「Neighbourhood Cleansed」拖放至「列」。

2 以滑鼠右鍵將「資料」窗格的「Host Id」拖放至「欄」。

3 視窗開啟後，點選「相異計數（Host Id）」。

4 點選「確定」關閉畫面。

5 在工作列點選「遞減方式排序」按鈕。

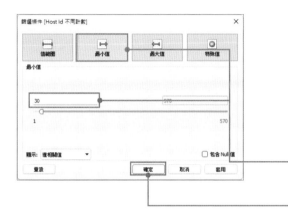

6 接著要以 Host Id 的數量大於等於 30 的條件進行篩選。以滑鼠右鍵將「資料」窗格的「Host Id」拖放至「篩選條件」功能區。

7 視窗開啟後，點選「計數（不同）」，再點選「下一步」。

8 將「最小值」設定為「30」。

9 點選「確定」關閉畫面。

10 接著要調整顏色。以滑鼠右鍵將「資料」窗格的「Review Scores Rating」拖放至「標記」卡的「色彩」，再點選「平均值（Review Scores Rating）」。

11 點選「確定」關閉畫面。

12 從「標記」卡的「色彩」點選「編輯色彩」，再將「色板」設定為「橙色 - 藍色發散」，並且勾選「漸變色彩」以及設定為「5 步驟」。

13 點選「確定」關閉畫面。

各國幸福度分數 7 項目清單

Data \Chap01\1.4_world_hapiness(2020).csv

Technique
☑ 多個度量的交叉表   ☑ 固定顏色的起點與終點
☑ 繪製反白表   ☑ 指定度量的排序

題目

想要列出所有值的時候，通常會以交叉表呈現數字。假設在交叉表使用背景色或文字顏色說明數字的大小，就更能直覺地掌握數字。這次要以 Regional indicator（地區）替各國幸福度資料建立篩選條件，再為每個 Country name 建立 Ladder score（幸福度）以及建構 Ladder score 的六個以 Explained 為始的欄位，最後再依照 Ladder score 標記顏色。

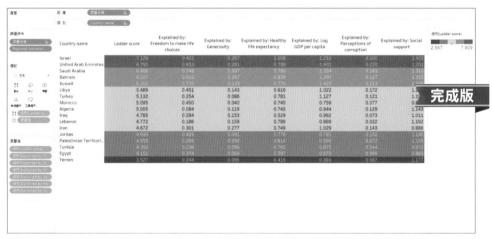

地區相近的國家會有顏色相近的傾向，但是「中東與北非」的每個國家的幸福度卻有明顯的差異。

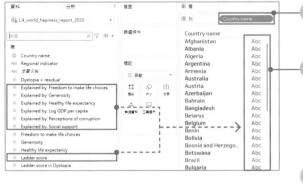

1. 繪製作交叉表。將「資料」窗格的「Country name」拖放至「列」。

2. 按住「Ctrl」鍵或是「Shift」鍵選取「資料」窗格之中，「Ladder score」還有以 Explained 為始的六個度量，拖放至視圖中央顯示「Abc」的空間。

3. 接著要調整為反白標。先將「標記」卡的標記類型設定為「方形」。

4. 接著要變更顏色。將「資料」窗格的「Ladder score」拖放至「標記」卡的「色彩」。

5. 點選「標記」卡的「色彩」＞「編輯色彩」，再點選「進階」。

6. 如圖指定。

7. 點選「確定」關閉畫面。

8. 點選「標記」卡的「色彩」的「總和（Ladder score）」，再點選工具列的「遞減方式排序」按鈕。

9. 以滑鼠右鍵點選「資料」窗格的「Regional indicator」，再點選「顯示篩選條件」。

10. 點選畫面右側的篩選條件下拉式選單「▼」，再點選「單值（下拉清單）」。

11. 將表頭的「Ladder socre」拖曳到最左邊。

Point 讓太長的表頭折成兩行

如果表頭的字串太長，就會以省略符號（…）代替。假設字串有空白字元，表頭就會換行顯示。沒有空白字元的中文名稱也能以別名的方式輸入空白字元，讓表頭換行。

各年齡層與地區的投票率

Data \Chap01\1.5_election_shugiin_h29.csv

Technique ☑ 資料透視表 ☑ 常量線
☑ 算式

題目

假如設定了目標值，可利用顏色標記以及顯示代表目標值的線，分辨是否達成目標。東京都各地區、年齡層的眾議院選舉的投票率是公開的。假設目標投票率為50%，讓我們試著以顏色標記投票率超過 50% 的各年齡層長條，再於 50% 的位置畫線，藉此區分投票率是否達成目標值。

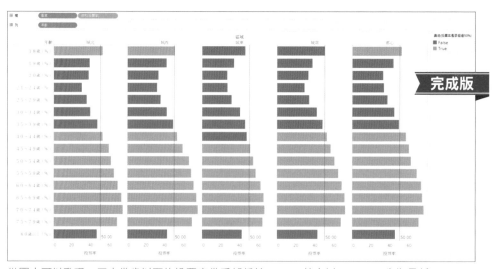

從圖中可以發現，三十幾歲以下的投票率幾乎都低於 50%，其中以 21 ~ 24 歲為最低

解答

① 第一步先將資料從水平方向整理成垂直方向。按住「Ctrl」鍵或是「Shift」鍵點選「資料來源」窗格的「18 歲（%）」到「80 歲以上（%）」的資料。

② 選取多個欄位之後，按下滑鼠右鍵，再點選「資料透視表」。

③ 雙擊「資料透視表欄位名稱」，將名稱改為「年齡」，再雙擊「資料透視表欄位值」，將名稱改為「投票率」。

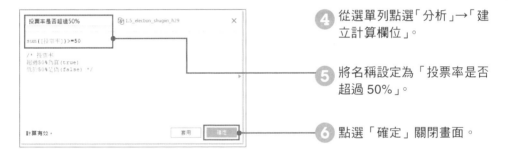

④ 從選單列點選「分析」→「建立計算欄位」。

⑤ 將名稱設定為「投票率是否超過 50%」。

⑥ 點選「確定」關閉畫面。

⑦ 參考左側表格繪製長條圖。

⑧ 點選「標記」卡的「色彩」→「編輯色彩」調整顏色。

欄	區域	總和（投票率）
列	年齡	
「標記」卡的「色彩」	彙總（投票率是否超過50%）	

⑨ 接著要顯示線。從「分析」窗格將「常量線」拖曳到視圖的「表」。

⑩ 輸入「50」。

Point　能否標記別名

別名可在不連續的維度使用，這意思是，資料類型的圖示為藍色，且位於「資料」窗格上方的狀態。比方說，本節的計算欄位「投票率是否超過 50%」雖然是不連續的，卻是以 SUM 彙整的度量，所以無法別名。1.2 節的計算欄位「Is Canceled」就是不連續的維度，因此可以加上別名。

東京都的不動產平均價格與 65 歲以上人口比例的相關性

Data

\Chap01\1.6_trade_price\1.6_trade_prices_tokyo(2020).csv
\Chap01\1.6_trade_price\1.6_populatin_tokyo(2020).csv

Technique

☑ 關聯　　　　　　　　　　　☑ 顏色的不透明度與框線
☑ 顯示不含零的軸　　　　　　☑ 趨勢線

題目

散布圖是能幫助我們發現新線索的圖表，而且標記的大小也能告訴我們另一個度量的資訊，若是追加趨勢線，更可以幫助我們了解資料的分布趨勢。東京都不動產交易資料「1.6_trade_prices_tokyo(2020).csv」與東京都人口資料「1.6_population_tokyo(2020).csv」各自以市區町村郵遞區號以及地區郵遞區號連結。讓我們試著從這些資料繪製足以說明各村區町村的平均交易價格（總額）與 65 歲以上人口比例（％）的散布圖。這張散布圖的標記大小是以交易數量設定，還會另外加上趨勢線。

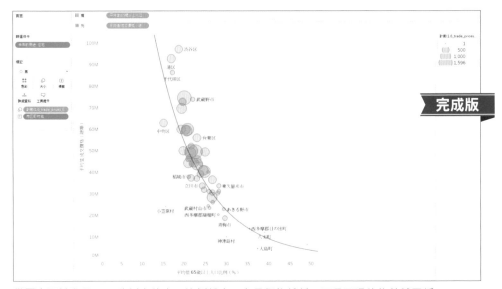

從圖中可以發現，65 歲以上的人口比例越高，交易價格越低，而且下滑的趨勢越平緩

解 答

1 第一步要先讓兩個資料合併。先與「1.6_trade_prices_tokyo(2020).csv」連線。

2 將左側窗格裡的「1.6_population_tokyo(2020).csv」拖曳到畫布。

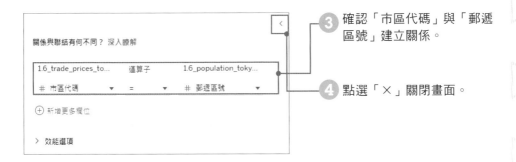

3 確認「市區代碼」與「郵遞區號」建立關係。

4 點選「×」關閉畫面。

5 參考下列表格繪製散布圖。

欄	平均值（65歲以上人口比例（%））
列	平均值（交易交格（總和））
「標記」卡的「標籤」	市區町村名稱
「標記」類型	圓
「標記」卡的「大小」	計數（1.6_trade_prices_tokyo(2020).csv）
篩選條件	未來的用途 ※選擇「住宅」

6 調整橫軸的範圍。請在橫軸按下滑鼠右鍵，點選「編輯軸」。

7 取消「包括零」選項，關閉畫面。

8 點選「標記」卡的「大小」，再以滑桿調整大小。

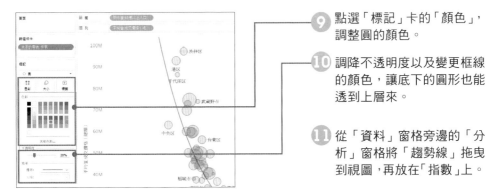

9 點選「標記」卡的「顏色」，調整圓的顏色。

10 調降不透明度以及變更框線的顏色，讓底下的圓形也能透到上層來。

11 從「資料」窗格旁邊的「分析」窗格將「趨勢線」拖曳到視圖，再放在「指數」上。

23

1.7 每日的買賣股數與股價

Data Chap01\1.7_apple_historical_quotes.csv

Technique
☑ 利用最新的日期值作為篩選條件 ☑ 在標記顏色一致的軸心套用陰影色
☑ 利用第二個軸建立雙重軸的圖表

題目

在想了解兩個度量的值的時候，若是將兩張圖表疊在一起，有時候能發現度量之間的關係。讓我們試著根據 Apple 股票的每日資料，將資料的最新月份轉換成每日單位，再將買賣的 Volume（股數）畫成長條圖、Close／Last（股價）畫成折線圖，再將這兩張圖表合併為一張圖表。

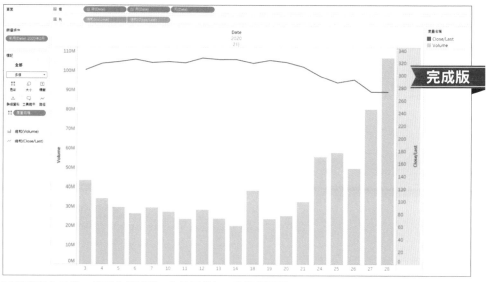

可以發現在最後一個月的後半段，交易量增加，股價卻下跌。

解答

欄	年（Date）、月（Date）、天（Date）
列	總和（Volume）

❶ 參考左側表格建立視圖。

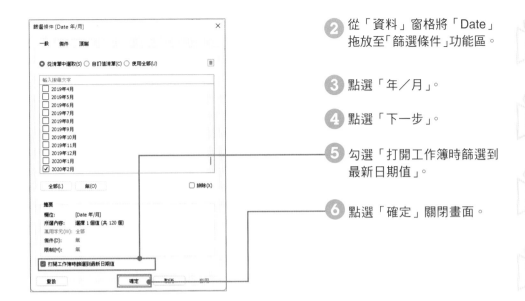

② 從「資料」窗格將「Date」拖放至「篩選條件」功能區。

③ 點選「年／月」。

④ 點選「下一步」。

⑤ 勾選「打開工作簿時篩選到最新日期值」。

⑥ 點選「確定」關閉畫面。

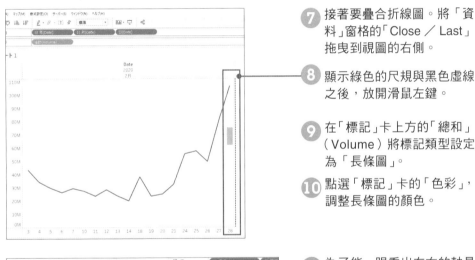

⑦ 接著要疊合折線圖。將「資料」窗格的「Close ／ Last」拖曳到視圖的右側。

⑧ 顯示綠色的尺規與黑色虛線之後，放開滑鼠左鍵。

⑨ 在「標記」卡上方的「總和」（Volume）將標記類型設定為「長條圖」。

⑩ 點選「標記」卡的「色彩」，調整長條圖的顏色。

⑪ 為了能一眼看出左右的軸是長條圖還是折線圖，要依照圖表設定軸的顏色。在左側的軸按下滑鼠右鍵，再點選「設定格式」。

⑫ 在「軸」頁籤的「預設值」的「陰影」調整顏色。

⑬ 右軸也以 ⑪、⑫ 的步驟設定顏色。

1.8

與前一週的人數增減

Data　\Chap01\1.8_pcr_positive_daily.csv

Technique
☑ 連續與確診　　　　　　☑ 即時計算
☑ 編輯快速表計算　　　　☑ 按住「Ctrl」鍵複製

題目

以顏色或形狀標記與前一段時期的差距，更能看出差距有多麼明顯。這次要根據 VOVID-19 的日本陽性人數資料，將 PCR 陽性人數（單日）以及人數的增減轉換成以週為單位的格式，並且讓最新日期的資料排在上層。

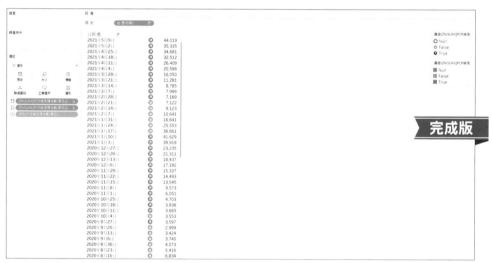

連續幾週都是不斷增加或減少的趨勢

解答

①　先顯示每週的日期。以滑鼠右鍵將「資料」窗格的「日期」拖曳到「列」。

②　點選代表連續的綠色的「週（日期）」。

③ 點選「確定」關閉畫面。

④ 以滑鼠右鍵點選「列」的「週（日期）」，再點選「離散」。

⑤ 以滑鼠右鍵點選「列」的「週（日期）」，再點選「排序」。

⑥ 點選「遞減」，再點選「╳」關閉畫面。

⑦ 接著要判斷陽性人數比前一週增加還是減少。將「資料」窗格的「PCR 檢測陽性數（單日）拖放到「標記」卡的「文字」。

⑧ 在「標記」卡的文字的「總和（PCR 檢測陽性數（單日））」按下滑鼠右鍵，再點選「快速表計算」→「差異」。

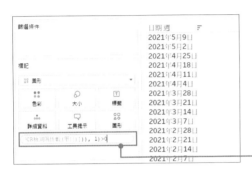

⑨ 在「標記」卡的「文字」的「總和（PCR 檢測陽性數（單日））」按下滑鼠右鍵，再點選「相對於」→「下一步」。

⑩ 雙擊「標記」卡的「文字」的「總和（PCR 檢測陽性數（單日））」。

⑪ 在公式的最右側加上「>0」。

⑫ 接著要利用形狀與顏色說明增加或減少。將「標記」卡的標記類型設定為「圖形」。

⑬ 將「標記」卡的「文字」的⑩的藍色欄位拖放至「標記」卡的「圖形」。

⑭ 按住「Ctrl」鍵，將「標記」卡的「圖形」的藍色欄位拖放到「標記」卡的「色彩」。如此一來，可將「圖形」的藍色欄位複製到「色彩」。

⑮ 分別點選「標記」卡的「色彩」「圖形」與大小，調整顏色、形狀與大小。「NULL」的顏色可先雙擊文字再設定為白色。

⑯ 將「資料」窗格的「PCR 檢測陽性數（單日）」拖放至「標記」卡的「標籤」。

⑰ 直接在視圖調整寬度，或是將工具列的「標準」設定為「符合寬度」。

Point 將即時計算轉換成計算欄位

將快速表計算或是⑪的「即時計算」的欄位拖放至「資料」窗格，就能替欄位命名以及轉換成計算欄位。

1.9

都道府縣的
不動產價格與面積

Data \Chap01\1.9_trade_prices底下的47個csv檔案

Technique
- ☑ 萬用字元聯集
- ☑ 篩選
- ☑ 按住滑鼠右鍵拖放成雙重軸

題目

當必要的資料分成很多個檔案時,就必須適當地安排在直軸或橫軸。資料夾「1.9_trade_prices」裡面存放了 47 個都道府縣從 2005 年到 2019 年的不動產交易資料。讓我們試著將 Prefecture(都道府縣)的平均 Trade Price(金額)畫成長條圖,再將平均 Area(面積)畫成圓形圖,然後讓這兩張圖表重疊。

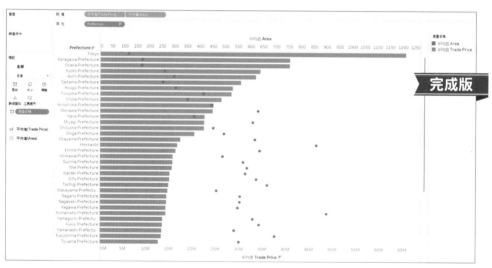

從圖中可以發現面積越小,金額越高的趨勢,但就算面積相同,在不同的都道府縣也有不同的金額

解答

1 先以聯集的方式讓 47 個都道府縣的資料垂直合併成一筆資料。請與資料夾「1.9_trade_prices」的資料「01」連線。

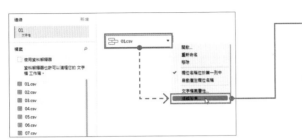

2 在畫布的「01.csv」按下滑鼠右鍵，再點選「編輯聯集」。

3 點選「萬用字元（自動）」，再點選「確定」關閉畫面。如此一來，存放「01.csv」的資料夾的所有 csv 都會轉換成聯集，各資料也會垂直合併。

4 點選畫布右上角的「篩選」。

5 從畫面下方的頁籤移動到「工作表」。假設顯示提示「儲存」的視窗，可儲存篩選檔案。電腦的規格若是較差，有可能得花一些時間篩選。

欄	平均值（Trade Price）
列	Prefecture
其他	遞減方式排序

6 參考左側表格繪製長條圖。

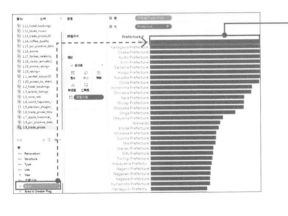

7 以滑鼠右鍵將「資料」窗格的「Area」拖放至視圖上方，當顯示綠色尺規與黑色虛線之後放開滑鼠右鍵。

8 在開啟的畫面點選「平均值（Area）」。

9 點選「確定」關閉畫面。

10 將「標記」卡上方的「平均值（Trade Price）」的標記類型設定為「長條圖」。

Point 篩選可加速後續的處理

透過聯集、合併、關聯這些方法組合多個資料，以及資料透視圖、資料解釋器、欄位合併這類資料類型的變更都是非常耗費資源的作業。資料量或是要處理的部分太多的話，可先進行篩選，才能早一步顯示結果。

1.10 長條圖的繪圖文字清單

Data \Chap01\1.0_emoji.csv

Technique
☑ 標記卡的詳細資料
☑ 工具提示的整理

題目

如果想簡潔地呈現視圖的圖表項目的值,可試著使用工具提示。這次要從繪圖文字清單資料替那些在 Group(群組)套用篩選條件的 Sub Group(副群組)的 Emoji(繪圖文字)的種類數量(單一種類的數量)繪製長條圖,並且在滑鼠游標滑入長條時,顯示群組對應的繪圖文字。

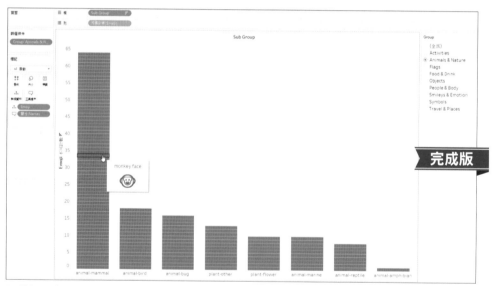

可從視圖確認長條的細項資料。Anime&Nature(動物與自然)的群組之中,以 animal-mammal(動物 - 哺乳類)居多。

解答

欄	Sub Group
列	相異計數（Emoji）
其他	遞減方式排序

1 參考左側表格繪製長條圖。

2 在「資料」窗格的「Group」按下滑鼠右鍵，再點選「顯示篩選條件」。

3 點選畫面右側的篩選條件的下拉箭頭（▼），再點選「單值（清單）」。

4 將「資料」窗格的「Emoji」拖曳到「標記」卡的「詳細資料」。如此一來，組成長條的每一筆資料就會堆疊在一起。

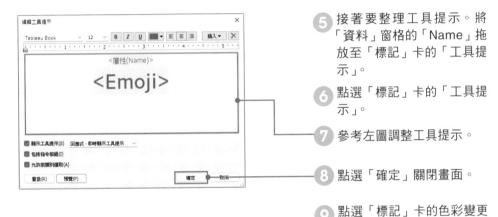

5 接著要整理工具提示。將「資料」窗格的「Name」拖放至「標記」卡的「工具提示」。

6 點選「標記」卡的「工具提示」。

7 參考左圖調整工具提示。

8 點選「確定」關閉畫面。

9 點選「標記」卡的色彩變更顏色。

Point 整理工具提示

完成視覺化分析之後，務必整理工具提示的內容。如果沒有必要顯示工具提示，可取消「編輯工具提示」視窗左下角的「顯示工具提示」，讓畫面變得更加簡潔。「編輯工具提示」對話框右上角的「插入」可顯示其他放在功能區的欄位或是參數，也能將其他的工作表放入視覺化分析之中。

Point 計數與相異計數的差異

讓我們一起了解計數與相異計數的差異。計數是件數，相異計數則是單一資料的個數。假設同一種 Emoji 資料有兩列，該 Emoji 的計數為 2，相異計數卻為 1。

各種旅館的每月住宿率

Data　\Chap01\1.11_hotel_bookings.csv

Technique
- ☑ 快速表計算的計算方向
- ☑ 顏色的排序
- ☑ 顏色的呈現方式
- ☑ 按住「Ctrl」鍵複製

題目

在比較數值的時候，轉換成比例會相對容易比較。現在我們手上有某間旅館的各種預約資訊，讓我們試著針對 Hotel（旅館種類）排列以 Arrival Date Month（抵達月份）與 Is Canceled（是否取消）算出的住宿率。

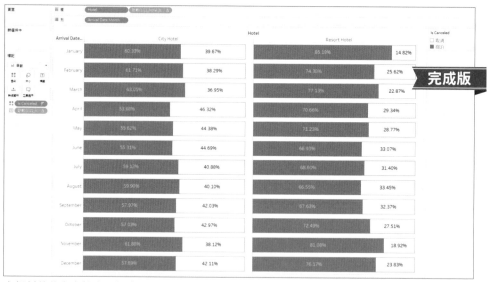

度假村的住宿率較高，都會旅館的全年住宿率約在 55 ～ 60% 之間

解 答

1 首先參考下方表格的內容繪製長條圖。

欄	Hotel	計數（1.11_hotel_bookings.csv）
列	Arrival Date Month	
「標記」卡的「色彩」	Is Canceled ※參考**1.2**的**④～⑦**	

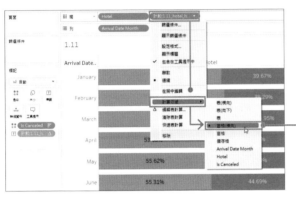

2 接著要將長條圖變更為 100% 帶狀圖。在「欄」的「計數（1.11_hotel_bookings.csv）按下滑鼠右鍵，點選「快速表計算」→「合計百分比」。

3 在「欄」的「計數（1.11_hotel_bookings.csv）」按下滑鼠右鍵，點選「計算依據」→「窗格（橫向）」。

4 接著要隱藏橫軸。在「欄」的「計數（1.11_hotel_bookings.csv）」按下滑鼠右鍵，點選「顯示標題」，取消選取。

5 在「標記」卡的「色彩」以滑鼠右鍵點選「Is Canceled」，再點選「排序」。

6 點選「遞減」，再點選「×」關閉畫面。

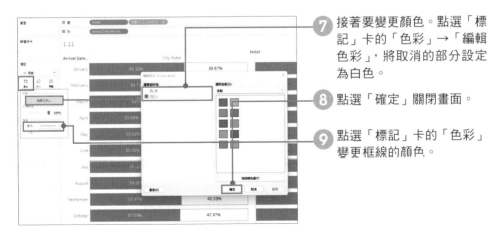

7 接著要變更顏色。點選「標記」卡的「色彩」→「編輯色彩」，將取消的部分設定為白色。

8 點選「確定」關閉畫面。

9 點選「標記」卡的「色彩」變更框線的顏色。

10 最後要顯示比例。按住「Ctrl」鍵將「欄」的「計數（1.11_hotel_bookings.csv）」拖放至「標記」卡的「標籤」。

藍調與嘻哈
這類音樂作品的流行情況

Data
\Chap01\1.12_spotify_music\1.12_blues_music.csv
\Chap01\1.12_spotify_music\1.12_hiphop_music.csv

Technique

☑ 聯集　　　　　☑ 資料桶　　　　　☑ 快速表計算
☑ 分割　　　　　☑ 關閉堆疊標記

題目

在比較群組時，在折線圖表的下方重疊上色的區域圖，有時可看出資料的傾向。
這次我們手邊有 Spotify 針對每首歌曲進行彙整的資料，也將不同的歌曲種類分
類成不同的檔案。Spotify 以 100 分滿分的方式評價了每首歌曲，並且整理成
Popularity（受歡迎的程度），這次讓我們試著利用這份資料比較 blues（藍調）
與 hiphop（嘻哈）這兩種音樂類型的受歡迎程度。由於 blues 與 hiphop 的作品
數量不同，因此這次不會以歌曲的數量做比較，而是以比例來做比較，再以資料
桶每 5% 分一個區段，然後將這兩種音樂的區域圖疊成圖表。

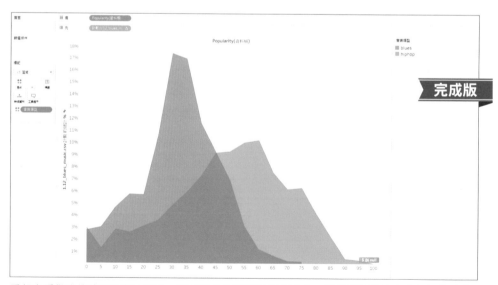

看起來受歡迎的嘻哈歌曲比較多。嘻哈風也有評價較低的歌曲，但是藍調風沒有高評價的歌曲

解 答

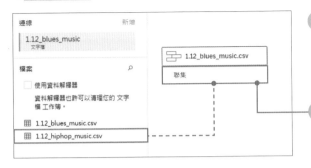

① 先讓兩筆資料垂直合併成一筆資料。請與資料夾「1.12_spotify_music」的「1.12_blues_music.csv」連線。

② 從左側的窗格將「1.12_hiphop_music.csv」拖曳到畫面的「1.12_blues_music.csv」底下。如果顯示「聯集」的話，請放在聯集上面。

③ 接著要從檔案名稱抽出代表音樂種類的文字。在「表名稱」按下滑鼠右鍵，再點選「分割」。這個「表名稱」欄位會在聯集之後自動新增。

④ 雙擊「表名稱－分割1」這個欄位名稱，再更名為「音樂類型」。

⑤ 接著要將每5筆的Popularity資料放入資料桶。在「資料」窗格的「Popularity」按下滑鼠右鍵，點選「建立」→「資料桶」。

⑥ 在「資料桶大小」輸入「5」。

⑦ 點選「確定」關閉畫面。

⑧ 參考下方表格繪製視圖。

欄	Popularity（資料桶）
列	計數（1.12_blues_music.csv）
「標記」類型	區域
「標記」卡的「色彩」	音樂類型

⑨ 接著要變更為比例。在「列」的「計數（1.12_blues_music.csv）」按下滑鼠右鍵，點選「快速表計算」→「合計百分比」。

⑩ 為了以100%為比例，計算音樂種類，要變更計算範圍。在「列」的「計數（1.12_blues_music.csv）」按下滑鼠右鍵，再點選「計算依據」→「Popularity（資料桶）」。

⑪ 解除2個圖表的堆疊。從選單點選「分析」→「堆疊標記」→「關閉」。

各都道府縣的市區町村 不動產交易價格

Data

\Chap01\1.13_trade_prices\1.13_trade_prices(2019).csv
\Chap01\1.13_trade_prices\1.13_prefecture_code.csv

Technique

☑ 利用關聯顯示統一的別名　　　　　☑ 排序篩選值
☑ 合併欄位

題目

就算收集到所有分析對象的資料，有時候為了更容易瀏覽或是需要追加資訊，會與其他資料搭配。這次讓我們以 Prefecture（都道府縣）為篩選條件，從不動產價格資料「1.13_trade_prices（2019）.csv」整理出 Municipality（市區町村）的平均 Trade Price（不動產價格），再根據篩選結果繪製長條圖。此時要利用都道府縣資料「1.13_prefecture_code.csv」顯示日文的都道府縣名稱的篩選條件，再依照 Code(區碼)的順序從北海道開始排序。不動產價格資料的「Municipality Code」與都道府縣資料的「Code」對應。

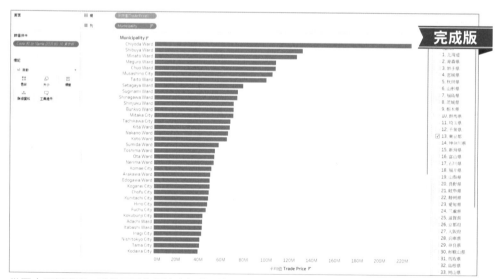

從圖中可以發現，千代田區的平均金額特別高，但可進一步思考是不是因為極端值的影響，平均金額才會這麼高

36

解答

① 先讓兩筆資料組合,建立有都道府縣日文名稱的不動產價格資料。請先與「1.13_trade_prices(2019).csv」連線。

② 切換至「資料來源」頁籤,再從左側的窗格將「1.13_prefecture_code.csv」拖放至畫布。

③ 選擇不動產資料的「Prefecture Code」與都道府縣資料的「Code」,再關閉畫面。如此一來,就能以日文的「JP Name」取代羅馬發音的「Prefecture」。

欄	平均值(Trade Price)
列	Municipality
其他	遞減方式排序

④ 參考左側表格繪製長條圖。

⑤ 為了在顯示篩選條件的時候,從北海道開始排列都道府縣名稱,要利用「Code」與「JP Name」建立欄位。按住「Ctrl」鍵點選「資料」窗格的「Code」與「JP Name」。

⑥ 按下滑鼠右鍵,點選「建立」→「合併欄位」。

⑦ 在「資料」窗格的「Code 和 Jp Name(已合併)」按下滑鼠右鍵,再點選「顯示篩選條件」。

⑧ 畫面右側出現篩選條件之後,點選下拉選單的「▼」,再點選「單值(清單)」。

Point 使用對應表

為了與都道府縣資料合併,而替市區町村名稱這類其他的欄位準備日語與英語的對應表,就不需要修正資料,也不需要建立別名,能一口氣轉換值。而且對應表還能在其他的資料使用。

Point 篩選條件的顯示順序

利用「顯示篩選條件」功能顯示篩選條件之後,這些套用篩選條件的欄位值就會依照各欄位的「預設順序」重新排序。這個預設順序可在「資料」窗格的欄位按下滑鼠右鍵,點選「預設屬性」→「排序」變更。如果欄位有很多值,又希望依照指定的順序排列這些值,可仿照本題的方法,讓欄位與包含排序的資料合併,就能省去手動排序的麻煩。

Section 1.14 Tableau

各原產國的咖啡評價

Data　\Chap01\1.14_coffee_quality.csv

Technique
- ☑ 變更限定的彙整類型
- ☑ 雙重軸
- ☑ 複合軸
- ☑ 調整軸的範圍
- ☑ 醒目提示工具

題目

要同時顯示多個度量，可使用兩側都有軸的雙重軸，或是利用一個軸顯示多個欄位的複合軸。這次要使用的是各種咖啡的評價資料。主要會將 Country.of.Origin（原產國）的 Total.Cup.Points（綜合評價）畫成長條圖，再將九個度量的評價欄位轉換成圓，調查分布情況。為了只顯示商品數量大於 50 的 Country.of.Origin，以及確認 9 個評價的分布情況，會在評價欄位顯示反白。

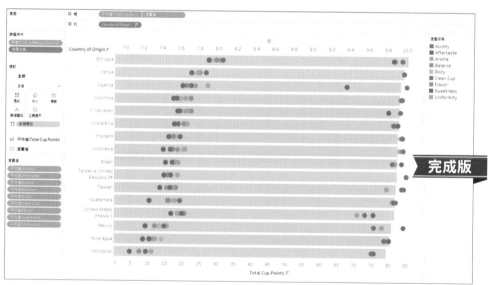

Flavor（香氣）、Sweetness（甜味）、Uniformity（一致性）雖然與 Total.Cup.Points 沒有什麼關係，但其他評價項目都與 Total.Cup.Points 有相關性

解答

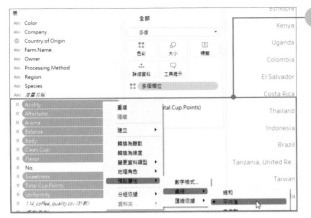

① 將欄位拖放至功能區的時候，要將彙整方式從總和調整為平均值。按住「Ctrl」鍵與「Shift」鍵，如圖在「資料」窗格點選所有評價項目。再以滑鼠右鍵點選欄位→「預設屬性」→「彙總」→「平均值」。

欄	平均值（Total.Cup.Points）
列	Country.of.Origin
其他	遞減方式排序
篩選條件	計數（1.14_coffee_quality.csv） ※在「最小值」輸入「20」

② 參考左側表格繪製長條圖。

③ 接著要整理成雙重軸的格式。將「資料」窗格的「Acidity」拖放至視圖上方。

④ 接著要讓上方的軸變成複合軸。在「資料」窗格點選「Total.Cup.Points」與「Acidity」以外的評價欄位。

⑤ 將這些欄位拖放至視圖上方的「Acidity」的軸。

⑥ 將「標記」卡上方的「平均值（Total.Cup.Points）」的標記類型調整為「長條」，再刪除「色彩」的「度量名稱」。

⑦ 為了讓標記放大至整個視圖，要調整上軸的範圍。在上軸按下滑鼠右鍵，點選「編輯軸」，再取消「包括零」。

⑧ 在「篩選條件」的「度量名稱」按下滑鼠右鍵，選擇「顯示醒目提示工具」。利用醒目提示工具讓滑鼠游標移到值，就能快速確認各評價。

1.15

以月曆格式顯示最高、最低的陽性人數

Data \Chap01\1.15_pcr_positive_daily.csv

Technique
☑ 日期單位
☑ 表計算
☑ 醒目提示表以色條區分

題目

對日期資料進行視覺化分析之後，有時候會從中發現一些與季節有關的變化，尤其我們非常熟悉月曆格式，所以很容易檢視每個月的資料。在儀表板也能當成選擇日期的工作表使用。這次讓我們將日本單日 COVID-19 陽性者數的資料轉換成日期格式，再設定成能以篩選條件選擇年與月，並且替每週最高人數與最低人數的日子標記顏色。

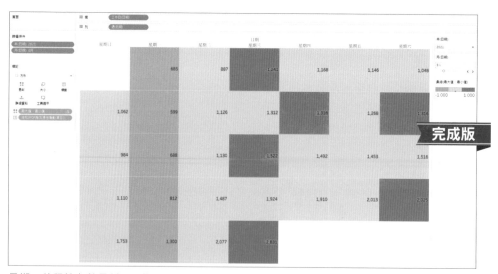

星期一的陽性者數最低，星期三至星期四則通常是陽性者數最高的日子

解答

① 參考下列表格製作月曆格式的視圖。

欄	工作（日期）	列	週（日期）
篩選條件	年（日期）※選擇「2021」。以「單值（下拉清單）」的方式顯示篩選條件 月（日期）※選擇「3月」。以「單值（滑桿）」的方式顯示篩選條件		
「標記」卡的「文字」	總和（PCR檢測陽性者數（單日））		
「標記」類型	方形		

② 在「列」的「週（日期）」按下滑鼠右鍵，取消「顯示標題」。

③ 接著要根據最大值與最小值標記顏色。從選單列點選「分析」→「建立計算欄位」。

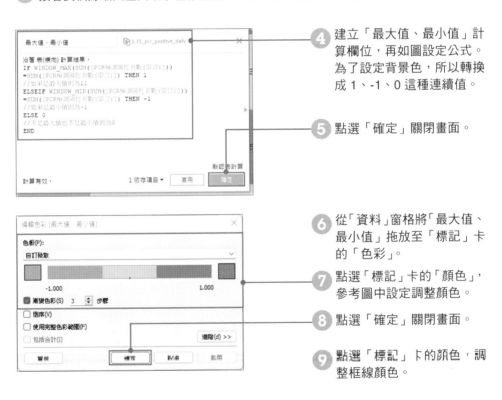

④ 建立「最大值、最小值」計算欄位，再如圖設定公式。為了設定背景色，所以轉換成 1、-1、0 這種連續值。

⑤ 點選「確定」關閉畫面。

⑥ 從「資料」窗格將「最大值、最小值」拖放至「標記」卡的「色彩」。

⑦ 點選「標記」卡的「顏色」，參考圖中設定調整顏色。

⑧ 點選「確定」關閉畫面。

⑨ 點選「標記」卡的顏色，調整框線顏色。

Point 變更一週的第一個工作日

一週的第一個工作日可以調整。在「資料」窗格上方的資料來源名稱按下滑鼠右鍵，點選「日期屬性」，再從「週開始」設定即可。

各種動漫的評價分布情況

Data　\Chap01\1.16_anime.csv

Technique
☑ 資料桶　　　　　　　　　☑ 連續與離散
☑ 獨立軸範圍　　　　　　　☑ 繪製直方圖

題目

想知道某種度量的分布情況時，可使用直方圖掌握分布的離散程度。這次要處理的是動漫的每個 Name（作品），主要是以 0.2 的資料桶分類各作品的 Rating 資料，再替各 Type（種類）繪製代表 Name 出現數量的直方圖。

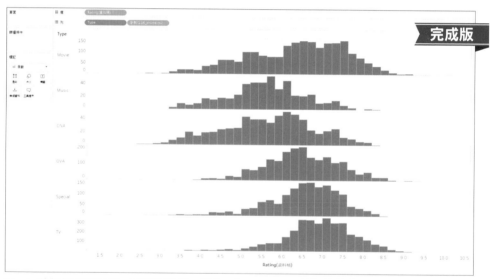

Movie 的評價分布最廣。就整體來說：OVA、Special、TV 的評價較高；Music、ONA 的評價較低

解答

1. 先製作資料桶。在「資料」窗格的「Rating」按下滑鼠右鍵，再點選「建立」→「資料桶」。

② 在「資料桶大小」輸入「0.2」再點選「確定」關閉畫面。

欄	Rating（資料桶）	
列	Type	計數（1.16_anime.csv）

③ 接著依照左側表格繪製長條圖。

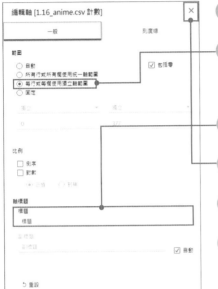

④ 接著要調整直軸。在直軸按下滑鼠右鍵，點選「編輯軸」。

⑤ 在「範圍」點選「供每列或每個欄位使用的獨立軸範圍」。如此一來，每個長條圖的範圍就會隨著長條的長度調整，也能方便比較分布的情況。

⑥ 刪除「軸標題」的文字，避免顯示任何標題。

⑦ 點選「×」，關閉「編輯軸」視窗。

⑧ 在「欄」的「Rating（資料桶）」按下滑鼠右鍵，再點選「連續」。

⑨ 將工具列的「標準」設定為「整個檢視」。

Point 設定為「整個檢視」，檢視整張視圖

將工具列的「標準」設定為「整個檢視」之後，就算是需要捲動才能瀏覽所有資料的大型視圖，也能俯瞰所有資料。在完成步驟⑧之後，需要捲動視圖才能比較所有資料，但只要如圖設定為「整個檢視」，就能快速比較 Type 的值。就算是 **1.9** 那種標題不見的視圖也可以如此設定。**1.9** 的完成圖出現了垂直方向的捲軸，也無法看到整張圖的資料。雖然設定成「整個檢視」會導致標籤縮小到看不清楚的程度，卻能在不需捲動的情況下，顯示整張視圖，讓我們快速掌握資料的分布與趨勢。

調整視圖的呈現方式就能得到靈感，也是視覺分析的魅力之一。

Section
1.17
Tableau

Data \Chap01\1.17_forbes_celebrity_100.csv

Technique ☑ 快速表計算的計算方向
☑ 連續與離散

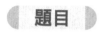
名人的年收入排行榜

題目

有時候會想在年度、領域這些項目製作排名表。這次要根據名人年收入資料的 2018 ～ 2020 年的 Name（名人姓名）製作排名表，再以 Category（項目）標記顏色。

從圖中可以發現年收入前幾名的名人集中在部分的項目

解 答

欄	Year ※離散
篩選條件	Year ※選擇2018年以後的資料
「標記」卡的「文字」	Name
「標記」卡的「色彩」	Category

1 參考左側表格製作視圖。

2 接著要在表格加上排名的數字，製作排名表的框線。將「資料」窗格的「Pay（USD millions）」拖放至「列」。

3 在「列」的「總和（Pay（USD millions））」按下滑鼠右鍵，再點選「快速表計算」→「排序」。

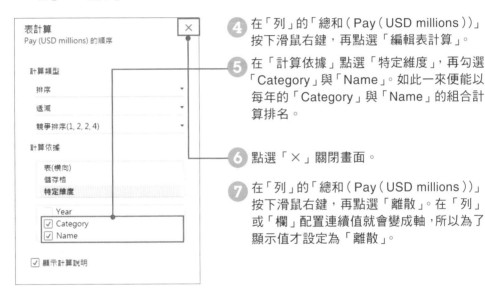

表計算
Pay (USD millions) 的順序

計算類型

排序

遞減

競爭排序(1, 2, 2, 4)

計算依據

表(橫向)
儲存格
特定維度

Year
☑ Category
☑ Name

☑ 顯示計算說明

4 在「列」的「總和（Pay（USD millions））」按下滑鼠右鍵，再點選「編輯表計算」。

5 在「計算依據」點選「特定維度」，再勾選「Category」與「Name」。如此一來便能以每年的「Category」與「Name」的組合計算排名。

6 點選「×」關閉畫面。

7 在「列」的「總和（Pay（USD millions））」按下滑鼠右鍵，再點選「離散」。在「列」或「欄」配置連續值就會變成軸，所以為了顯示值才設定為「離散」。

Point 在「資料來源」頁面顯示的預覽列數

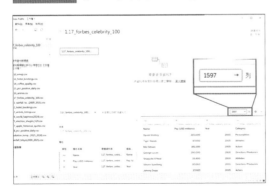

「資料來源」頁面的資料預覽可顯示前 1000 列的資料。調整預覽畫面右上角的「1000」就能顯示更多列的資料。比方說，輸入「5000」再按下「Enter」鍵，就能顯示這個資料來源總共 1597 列的資料。

訪日外國遊客數趨勢

Data　\Chap01\1.18_visitor_arrivals（2003_2020）.xlsx

Technique
- ☑ 萬用字元聯集
- ☑ 透視表
- ☑ 排除的篩選條件
- ☑ 資料解釋器
- ☑ 資料來源篩選條件
- ☑ 矩形式樹狀圖

題目

下載的資料往往是不太適合分析的格式。讓我們利用從日本政府觀光局網頁下載的訪日外國遊客數的 Excel 檔案，找出每年訪日遊客的趨勢。最後再以矩形式樹狀圖説明外國遊客都來自哪些國家。

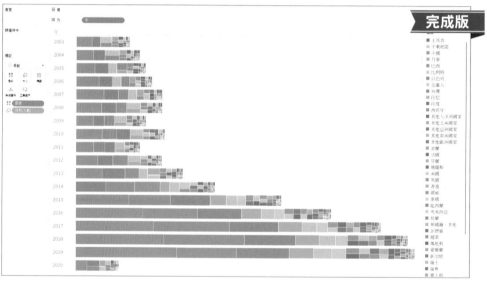

從圖中可以發現，2015 年起，來自中國的外國遊客增加，整體的外國遊客也增加。2018 年之後，外國遊客人數的增加速度趨緩，2020 年比 2003 年的外國遊客人數更少

解 答

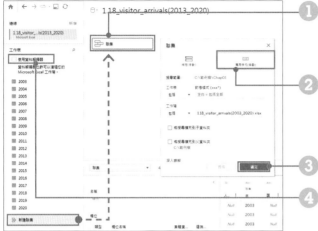

① 第一步要將 2003 至 2020 年的工作表整理成一張工作表。請將「新建聯集」拖放至畫布。

② 點選「萬用字元（自動）」頁籤。這次要讓這個 Excel 檔案的所有工作表變成聯集，讓所有資料垂直合併。

③ 點選「確定」關閉畫面。

④ 接著要讓標題部分變得更簡潔。在左側窗格勾選「使用資料解釋器」。

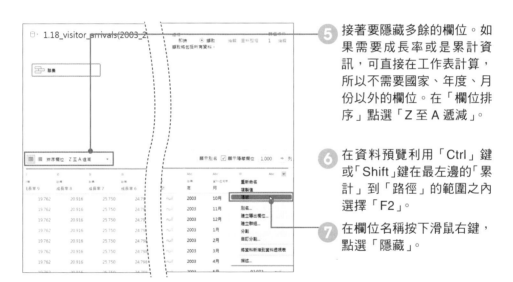

⑤ 接著要隱藏多餘的欄位。如果需要成長率或是累計資訊，可直接在工作表計算，所以不需要國家、年度、月份以外的欄位。在「欄位排序」點選「Z 至 A 遞減」。

⑥ 在資料預覽利用「Ctrl」鍵或「Shift」鍵在最左邊的「累計」到「路徑」的範圍之內選擇「F2」。

⑦ 在欄位名稱按下滑鼠右鍵，點選「隱藏」。

⑧ 讓資料從水平擴散的格式轉換成垂直排列的格式。按住「Shift」鍵選取「9 月」至「10 月」。

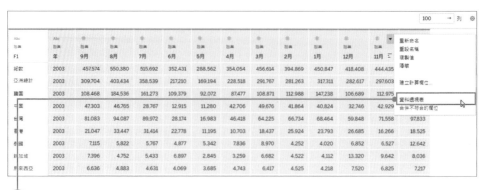

F1	年	9月	8月	7月	6月	5月	4月	3月	2月	1月	12月	11月	
總數	2003	457.574	550.380	515.692	352.431	288.562	354.054	456.614	394.869	450.847	418.408	444.435	
亞洲總計	2003	309.704	403.434	358.539	217.210	169.194	228.518	291.767	281.263	317.311	282.617	297.603	
韓國	2003	108.468	184.536	161.273	109.379	92.072	87.477	108.871	112.988	147.238	106.689	112.975	
中國	2003	47.303	46.765	28.767	12.915	11.280	42.706	49.676	41.864	40.824	32.746	42.929	
台灣	2003	81.083	94.087	89.972	28.174	16.983	46.418	64.225	66.734	68.464	59.848	71.558	97.833
香港	2003	21.047	33.447	31.414	22.778	11.195	10.703	18.437	25.924	23.793	26.485	16.266	18.525
泰國	2003	7.115	5.822	5.767	4.877	5.342	7.836	8.970	4.252	4.020	6.852	6.527	12.642
新加坡	2003	7.396	4.752	5.433	6.897	2.845	3.259	6.682	4.522	4.112	13.320	9.642	8.036
馬來西亞	2003	6.636	4.883	4.631	4.069	3.685	4.743	6.417	4.525	4.218	7.520	6.825	7.217

（右鍵選單）重新命名／重設名稱／複製值／隱藏／建立計算欄位…／資料透視表／合併不符合的欄位

⑨ 在選取多個欄位的狀態下，按下滑鼠右鍵，點選「資料透視表」。

⑩ 調整欄位名稱。將「資料透視表欄位名稱」變更為「月」，再將「資料透視表欄位值」變更為「人數」，並將「工作表」變更為「年」，再將「F1」變更為「國家」。

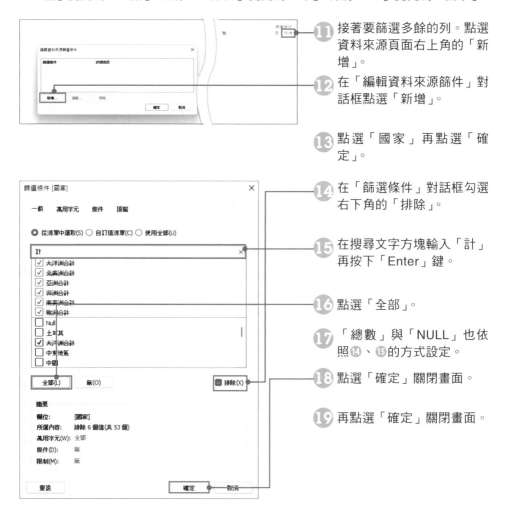

⑪ 接著要篩選多餘的列。點選資料來源頁面右上角的「新增」。

⑫ 在「編輯資料來源篩件」對話框點選「新增」。

⑬ 點選「國家」再點選「確定」。

⑭ 在「篩選條件」對話框勾選右下角的「排除」。

⑮ 在搜尋文字方塊輸入「計」再按下「Enter」鍵。

⑯ 點選「全部」。

⑰ 「總數」與「NULL」也依照⑭、⑮的方式設定。

⑱ 點選「確定」關閉畫面。

⑲ 再點選「確定」關閉畫面。

48

20 點選畫布右上角的「編輯」，再移動到下方的「工作表」。如果出現提醒「儲存」的視窗，就儲存選檔案。

列	年
「標記」卡的「色彩」	國家
「標記」卡的「大小」	總和（人數）

21 參考左側表格繪製視圖。

Point 資料該用 Desktop 還是 Prep 準備嗎？

資料也可利用 Tableau Prep 事前準備。如果是像本節這種能利用 Tableau Desktop 準備的資料，使用哪一套軟體準備資料都可以。

如果想要更明確地進行資料轉換處理，或是想一邊確認資料的內容，一邊調整資料的格式，就比較適合使用 Tableau Prep。此外，如果想使用只有 Tableau Prep 才有的功能，或是需要利用 Tableau Prep 進行多項準備資料的處理，當然就一定得使用 Tableau Prep。利用 Tableau Desktop 準備資料的好處在於只需要一套工具就能完成所有步驟，而且不需要管理多個檔案。

Point 如何參照原始資料？

想參照原始資料的時候，可點選「資料」窗格的「檢視資料」。最多可以顯示 10000 列的資料。點選視右上角的「全部匯出」，也能匯出資料。

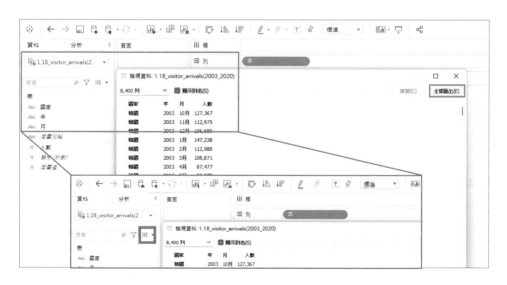

看了特定動漫的人
還看了哪些其他動漫？

Data

\Chap01\1.19_anime\1.19_anime_rating.csv
\Chap01\1.19_anime\1.19_anime_genre.csv

Technique

☑ 關聯　　　　　　　　☑ 集合動作
☑ 集合

題目

在整理人類的行動資料時，常有機會分析人與商品、服務的相關性。讓我們試著
進行「購買○○的人，還會購買其他哪些商品」吧。這次要處理的是動漫的視聽
資料，主要會利用 Genre（類型）篩選 Name（動漫作品），再依照遞減的順序排
列觀看數。讓我們製作儀表板，試著顯示這個「人」看了這張工作表之中的哪些
作品（Name），並在旁邊顯示這個「人」還看了哪些其他的作品。本節使用的資
料「1.19_anime_rating.csv」的各列是觀看履歷資料「1.10_anime_genre.csv」
的各列則是 Name 的資料，其中還包含 Genre 的資料。這兩筆資料是透過
「Anime_Id」建立相關性。

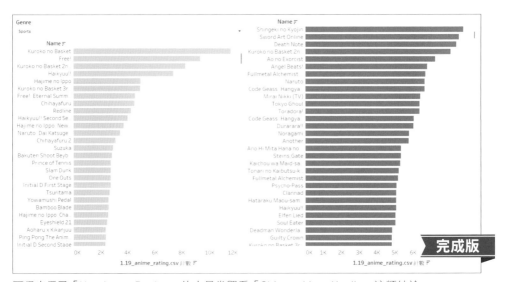

可得出看了「Kuroko no Basket」的人最常觀看「Shinegeki no Kyojin」這類結論

解答

① 首先合併兩筆資料。先與「1.19_anime_rating.csv」連線。

② 從「資料來源」頁面的左側窗格將「1.19_anime」genre.csv」拖放至畫布。

③ 確認兩筆資料透過「Anime_ Id」建立關聯。

④ 點選「×」關閉畫面。

⑤ 在儀表板建立篩選條件來源的工作表與套用篩選條件的工作表。請參考下列的表格替這兩張工作表繪製長條圖。

● 篩選條件來源的工作表

篩選條件	Genre ※點選「Sports」。以「單值（下拉清單）」的方式顯示篩選條件
欄	計數（1.19_rating.csv）
列	Name
其他	遞減方式排序 ⏁
「標記」卡的「詳細資料」	User Id

● 套用篩選條件的工作表

欄	計數（1.19_rating.csv）
列	Name
其他	遞減方式排序 ⏁

⑥ 新增儀表板。將剛剛製作的兩張工作表拖放至儀表板。

⑦ 接著要利用在第 1 張工作表觀賞特定 Name 的人以及集合動作設定在第 2 張工作表套用篩選條件的機制。在第 2 張工作表的「資料」窗格的「User Id」按下滑鼠右鍵，點選「建立」→「集合」。

⑧ 勾選一個以上的 Id。比方說，勾選 Id 的「1」與「2」。

⑨ 點選「確定」關閉畫面。

⑩ 從「資料」窗格將「User Id 集合」拖放至「篩選條件」功能區。如此一來就能選出在❽選擇的 Id 所觀看過的 Name。

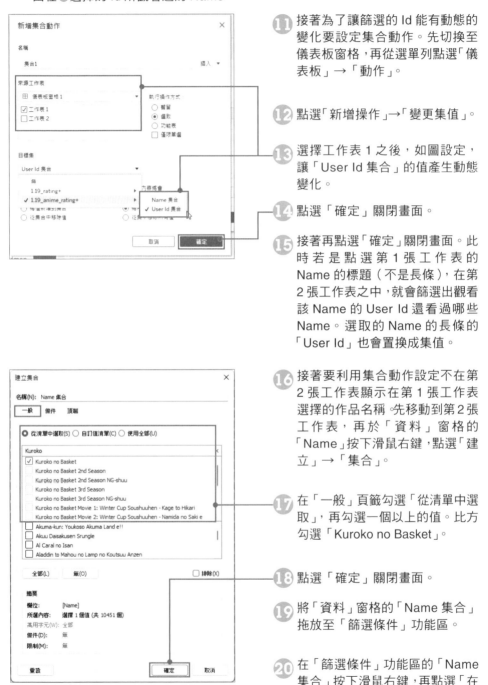

⑪ 接著為了讓篩選的 Id 能有動態的變化要設定集合動作。先切換至儀表板窗格,再從選單列點選「儀表板」→「動作」。

⑫ 點選「新增操作」→「變更集值」。

⑬ 選擇工作表 1 之後,如圖設定,讓「User Id 集合」的值產生動態變化。

⑭ 點選「確定」關閉畫面。

⑮ 接著再點選「確定」關閉畫面。此時若是點選第 1 張工作表的 Name 的標題(不是長條),在第 2 張工作表之中,就會篩選出觀看該 Name 的 User Id 還看過哪些 Name。選取的 Name 的長條的「User Id」也會置換成集值。

⑯ 接著要利用集合動作設定不在第 2 張工作表顯示在第 1 張工作表選擇的作品名稱。先移動到第 2 張工作表,再於「資料」窗格的「Name」按下滑鼠右鍵,點選「建立」→「集合」。

⑰ 在「一般」頁籤勾選「從清單中選取」,再勾選一個以上的值。比方勾選「Kuroko no Basket」。

⑱ 點選「確定」關閉畫面。

⑲ 將「資料」窗格的「Name 集合」拖放至「篩選條件」功能區。

⑳ 在「篩選條件」功能區的「Name 集合」按下滑鼠右鍵,再點選「在集內/外顯示」。

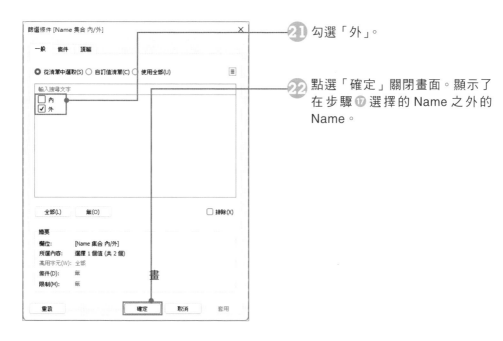

㉑ 勾選「外」。

㉒ 點選「確定」關閉畫面。顯示了在步驟⑰選擇的 Name 之外的 Name。

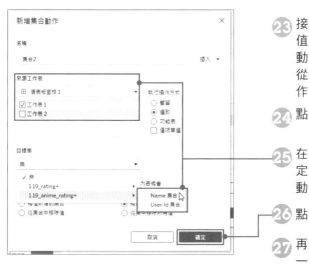

㉓ 接著為了讓作為篩選條件的 Set 值產生動態的變化，要設定集合動作。先切換至儀表板窗格，再從選單列點選「儀表板」→「動作」。

㉔ 點選「新增操作」→「變更集值」。

㉕ 在工作表選擇值，再依照圖中設定，讓「Name 集合」的值產生動態變化。

㉖ 點選「確定」關閉畫面。

㉗ 再點選「確定」關閉畫面。如此一來，在第 1 張工作表選擇的作品名稱就不會在第 2 張工作表顯示了。

全世界電力普及率趨勢

Data

\Chap01\1.20_access_to_electricity\1.20_access_to_electricity_%_of_population.csv
\Chap01\1.20_access_to_electricity\1.20_country.csv

Technique

☑ 資料解釋器   ☑ 關聯
☑ 資料透視表   ☑ 標記顏色的一致

題目

讓我們利用資料加工功能，將常見的資料格式轉換成適合資料分析的格式，再開始視覺化分析。這次要使用全世界電力普及率資料「1.20_access_to_electricity_%_of_population.csv」以及國家與收入群組對應資料「1.20_country.csv」說明每個 Income Group（收入群組）的平均電力普及率趨勢。

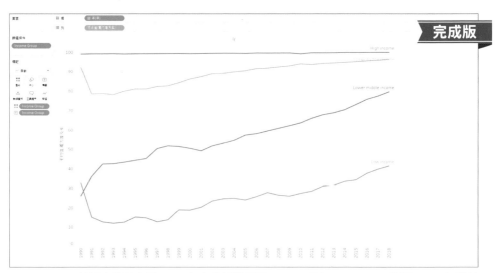

High Income 的電力普及率從 1990 年之後就幾乎是 100%，而 Low income 到了 2018 年還只有超過 40% 的水準

解答

① 先整理「1.20_access_to_electricity_%_of_population.csv」的資料。先與「1.20_ Access to electricity（% of population）.csv」連線。

② 在左側窗格勾選「使用資料解釋器」。刪除多餘的標題列。

③ 接著要將水平擴張的資料格式調整為垂直排列的資料格式。按住「Shift」鍵選擇 「1990」～「2018」的欄位。

④ 選取多個欄位之後，按下滑鼠右鍵點選「資料透視表」。

⑤ 將「資料透視表欄位名稱」改成「年」，再將「資料透視表欄位值」改成「電力普 及率」。

⑥ 點選「年」的資料類型圖示，再變成為「日期」。

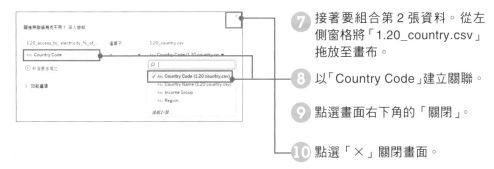

⑦ 接著要組合第 2 張資料。從左 側窗格將「1.20_country.csv」 拖放至畫布。

⑧ 以「Country Code」建立關聯。

⑨ 點選畫面右下角的「關閉」。

⑩ 點選「×」關閉畫面。

⑪ 移動到工作表，再參考下列表格繪製折線圖。

欄	年
列	平均值（電力普及率）
篩選條件	Income Group ※排除「NULL」
「標記」卡的「顏色」	Income Gropu
「標記」卡的「標籤」	Income Gropu

⑫ 如果沒有顯示所有的標籤，點選「標記」卡的「標籤」，再勾選「選項」。

⑬ 接著要讓標籤與折線的顏色一致。點選「標記」卡的「標籤」，再於「字體」勾選 「符合標記色彩」。

⑭ 點選顏色圖例右上角的下拉箭頭「▼」，再點選「隱藏卡」。比起對照圖例，在視圖植入標籤比較方便確認。

雖然不使用資料透視表也能製作類似的視圖，但轉換成適當的資料格式，看起來比較簡潔。

Point 簡報模式

如果要讓其他人瀏覽工作表，可切換成簡報模式。點選工具列的簡報模式鈕 ⊡ 即可切換成簡報模式。此外，如果在簡報模式按下「Ctrl」+「S」鍵儲存工作表，下次開啟工作表的時候，會自動以簡報模式顯示。

Point 確認欄位值

如果在想要確認各欄位具有哪些值的時候，在視圖顯示欄位的話，有可能會因為值的種類或是資料太多而耗費大量的時間。

若不想耗費大量的時間，可在「資料」窗格的欄位按下滑鼠右鍵，再點選「描述」。畫面開啟之後，底下會顯示「網域（欄位值）」。如果無法立刻顯示這類資料，可點選「載入」。

☕ COLUMN

合 併 多 張 工 作 表 的 呈 現 方 式

 Chap01\rainfall_tokyo(2020_2021).csv
\Chap01\radiation_temperature(2015_2020).csv

適當地配置具有多張圖表的工作表，就能從不同的角度了解資料。接著讓我們透過具體的範例了解這是怎麼一回事。

下列的東京都每日雨量資料說明了降雨趨勢。這個範例以兩個時間單位製作醒目提示表，並在上方與右側配置了說明這兩個時間單位的大小的長條圖，以及在下方配置了代表時間軸變化的

折線圖。如此一來就能從醒目提示表發現 2004 年 10 月的降雨量較多，也能從上方的年度趨換發現 2004 年不是降雨量特別多的一年，還能從右側的每月趨勢發現 10 月是降雨量最多的一年。此外，還能透過折線圖發現除了 2004 年 10 月之外，折線圖特別往上突出的年度與月份。

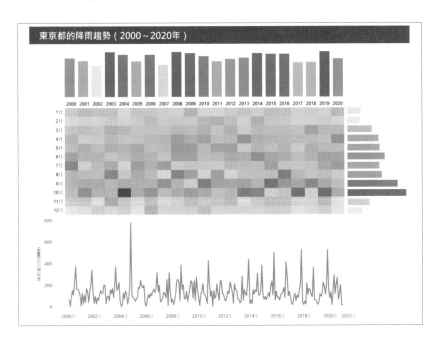

以各種時間單位（年、月、工作日）為切入點組成時間軸，就有機會得到許多新的發現。要透過時間軸掌握數值的傾向，可試著讓時間造成的增減傾向、週期性的變化以及極端值變得具體可見。

以這種呈現方式為藍圖的話，光是變更圖表的種類就能以更多元的方式呈閱資料。下列兩個範例說明東京都的氣溫與日照量的相關性。在降雨量的例子裡，分析對象是日期欄位與一個度量，但下列的例子則以兩個度量為對象。

第一個例子將降雨量的直方圖變更為盒狀圖。醒目提示表則以各種度量建立資料桶組成。如此一來，就能透過氣溫與日照量的組合掌握哪個部分的天數較多。

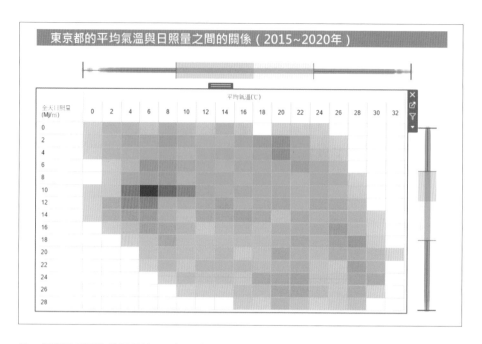

第二個例子則是將降雨量的醒目提示表變更為散布圖。這個例子是以月份標記顏色，所以利用醒目提示突顯月份，幫助使用者了解月份的傾向。

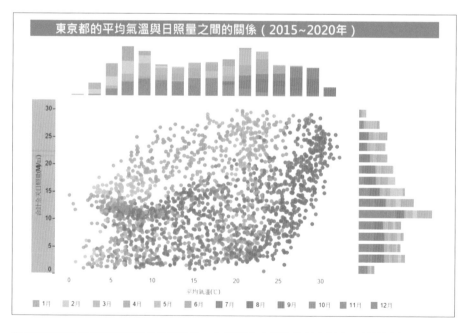

儀表板窗格除了使用篩選條件這類動作，也可以花心思改造基本圖表，就能以多張工作表組成視覺化分析，發揮視覺化分析的效果。

用技巧解決

繪製（或是下載）題目的圖，再改善視覺呈現手法，藉此變更成題目想要實現的呈現手法。就算建立了與題目的圖有關的框架，也不見得能如預期呈現或計算資料。讓我們一起學習解決常見問題的技巧，讓自己更快繪製需要的圖。

在堆疊長條圖顯示
各長條的值

Data　\Chap02\2.1_trade_prices_tokyo(2020).csv

Technique　☑ 活用輔助線

題目

有時候為了顯示長條圖各項目的明細，會以顏色區分各項目，再將長條圖轉換成堆疊長條圖。首先讓我們根據東京都不動產交易資料繪製下圖的堆疊長條圖，了解各市區町村名稱的交易數量。

另外還要在各長條的末端顯示各市區町村名稱的交易數量。

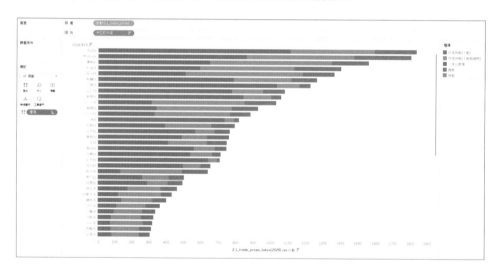

欄	計數（2.1_trade_prices_tokyo(2020).csv）
列	市區町村名
「標記」卡的「色彩」	種類
其他	遞減方式排序▤

解 答

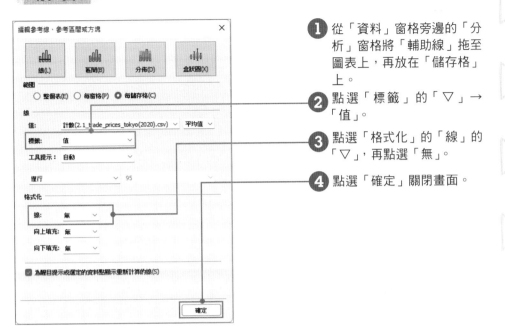

❶ 從「資料」窗格旁邊的「分析」窗格將「輔助線」拖至圖表上,再放在「儲存格」上。

❷ 點選「標籤」的「▽」→「值」。

❸ 點選「格式化」的「線」的「▽」,再點選「無」。

❹ 點選「確定」關閉畫面。

用技巧解決

❺ 在輔助線附近按下滑鼠左鍵,再點選「格式」。

❻ 從「設定輔助線格式」窗格的「對齊」設定「水平:右側」、「垂直:中部」。

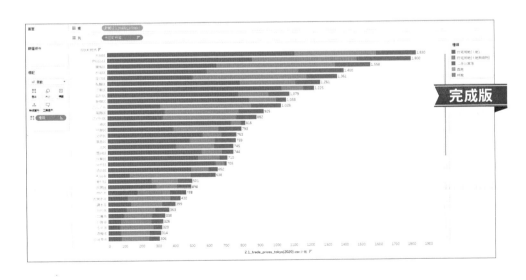

完成版

2.2 利用折線圖強調標記

Data \Chap02\2.2_pcr_positive_daily.csv

Technique
- ☑ 變更標記
- ☑ 拖放第二個軸，轉換成雙重軸
- ☑ 同步軸
- ☑ 連續與離散

題目

雖然折線圖是以折線說明資料的趨勢，但有時候會希望讓連接折線的標記更加醒目。讓我們試著根據日本 COVID-10 每日陽性者數資料，繪製如下圖以週為單位的 Pcr 檢測陽性者數（單日）的折線圖。

同時，試著強調各標記。

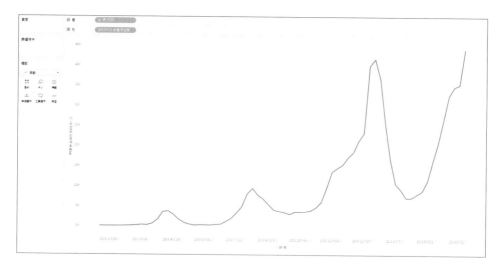

欄	週（日期）
列	總和（Pcr 檢查陽性者數）

解 答

方法 1 可以快速建立標記，但是標記不太醒目；而方法 2 可隨意調整標記的大小，也能將標記換成圓形以外的形狀，而且還能在值超過一定的程度時，讓標記變色。

■ 方法 1：標記

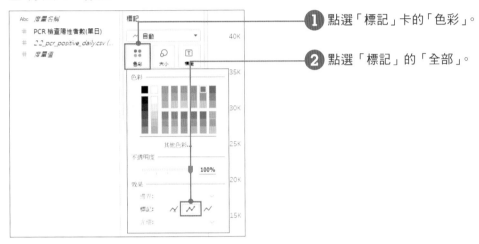

① 點選「標記」卡的「色彩」。

② 點選「標記」的「全部」。

■ 方法 2：雙重軸

如果希望標記放大，可使用接下來介紹的方法。

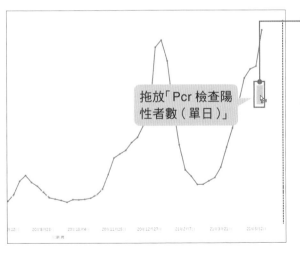

拖放「Pcr 檢查陽性者數（單日）」

① 從「資料」窗格將「Pcr 檢查陽性者數（單日）」拖放至視圖的右側，轉換成雙重軸的圖表。

② 點選「標記」卡下方的「總和（Pcr 檢查陽性者數（單日））」，再將標記類型設定為「圓」。

③ 在右側按下滑鼠右鍵，點選「同步軸」。

④ 在右側按下滑鼠右鍵，點選「顯示標題」，讓標題消失。

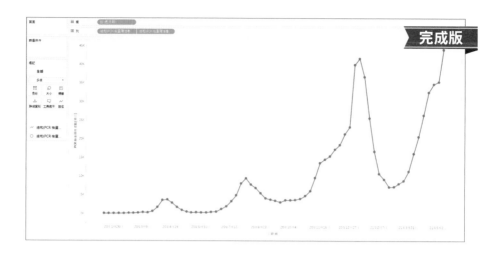

Point 折線圖的各種呈現手法

讓我們試著使用同樣的技巧,將題目的圖表轉換成下列兩種圖表。

(A)的需求是簡潔地說明一個度量在時間軸的變化。利用深色填滿整個折線圖的區塊,能營造強烈的視覺效果,淺色則可以讓分界線更加清楚。(B)則有消除摩爾波紋效果(多種具規律性的紋路排在一起時,會出現條狀的干擾紋路)或是避免較高的長條塞滿視圖的效果。想讓圖表多些變化的人,可以試著使用這兩種方法。

■ (A)強調區域圖的分界線

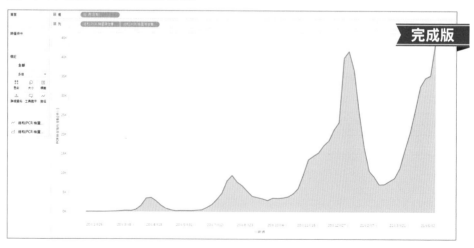

1 將圖表轉換成雙重軸的格式。從「資料」窗格將「Pcr 檢查陽性者數（單日）」拖曳至視圖右側。

2 在「標記」卡下方的「總和（Pcr 檢查陽性者數（單日））」將標記改成「區域」。

3 在右軸按下滑鼠右鍵，點選「同步軸」。

4 在右軸按下滑鼠右鍵，點選「顯示標題」，讓標題隱藏。

5 點選「標記」卡的「色彩」變更顏色與調降顏色的不透明度。

■ **（B）強調長條的末端**

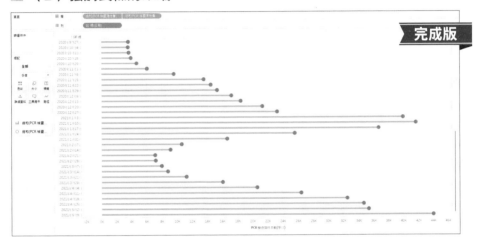

1 在「欄」的「週（日期）」按下滑鼠右鍵，點選「離散」。

2 將「標記」卡的標記類型設定為「長條圖」。

3 點選工具列的「交換列和欄」。

4 從「資料」窗格將「Pcr 檢查陽性者數（單日）」拖放至視圖上方，讓圖表轉換成雙重軸。

5 將「標記」卡下方的「總和（Pcr 檢查陽性者數（單日））」的標記類型設定為「圓」。

6 在上方的軸按下滑鼠右鍵，點選「同步軸」。

7 在上方的軸按下滑鼠右鍵，點選「顯示標題」，隱藏標題。

8 點選「標記」卡的「大小」與「色彩」調整標記的大小與顏色。

Section 2.3 Tableau

讓規模不一的度量並列的折線圖

Data \Chap02\2.3_sp500_historical_quotes(2010_2020).csv

Technique
☑ 獨立軸範圍
☑ 只有最小值、最大值標籤

題目

讓我們學習更多種呈現手法，讓我們在根據維度的值分割圖表，以及將這些圖表排在一起時，能讓這些圖表變得更簡單易讀。這次要根據美國前 500 大公司的股價資料繪製如下圖列出四間 GAFA 公司每月平均 Close（股價）的折線圖。

為了能從折線圖了解低股價的變化，會依照值顯示軸，也只顯示最小值與最大值的標籤。

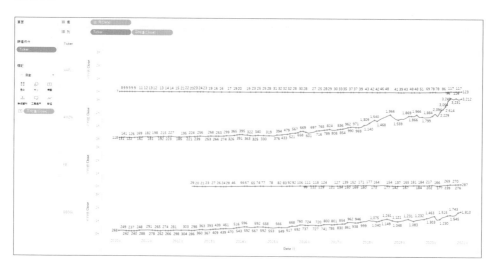

篩選條件	Ticker ※ 選擇 AAPL、AMZN、FB、GOOGL	
欄	月（Date）	
列	Ticker	平均值（Close）
「標記」卡的「標籤」	平均值（Close）	

解 答

1 在直軸按下滑鼠右鍵,點選「編輯軸」。

2 點選「範圍」的「供每列或每個欄位使用的獨立軸範圍」,再點選「×」關閉畫面。

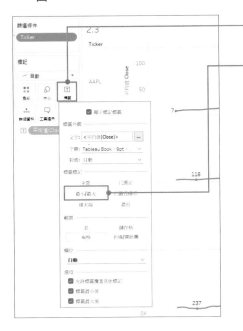

3 點選「標記」卡的「標籤」。

4 點選「標籤標記」的「最小/最大」。如此一來,就不會顯示所有標記,只會顯示特殊的標記,圖表也會變得更簡潔。

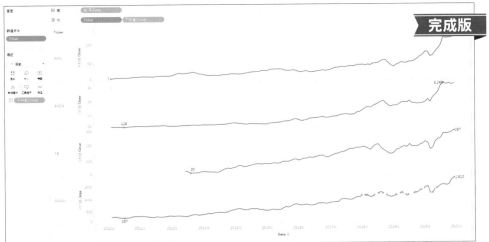

完成版

2.4 顯示度量名稱與指定小計的交叉表

Data \Chap02\2.4_hittakuri_tokyo(2019).csv

Technique
☑ 排序值　　　　　　　　　　☑ 度量名稱與度量值
☑ 指定小計

題目

有時候會需要在交叉表顯示總和或是調整標題。讓我們根據2019年的東京都飛車搶劫案資料，繪製下圖這種交叉表，說明被害者的性別、年齡、有無財物損失與搶案件數。

此外，要在各性別顯示總和件數，再依照由小至大的順序排列年齡，也只在件數顯示「件數」這個標題。

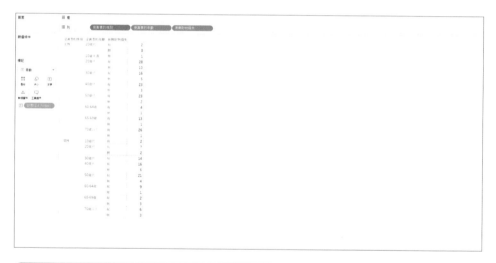

列	受害者的性別、受害者的年齡、有無財物損失
「標記」卡的「文字」	計數（2.4_hittakuri_tokyo(2019)）

解答

① 先調整年齡的順序。請將視圖的「10 歲未滿」拖曳到「10 歲代」上方。

② 接著顯示各性別的總和件數。從「分析」窗格將「合計」拖至圖表,再放在「小計」。

③ 接著要隱藏「受害者的年齡」的小計。在「列」的「受害者的年齡」按下滑鼠右鍵,再點選「小計」,隱藏小計。

④ 雙擊「資料」窗格的「度量值」。如此一來,即可利用度量名稱與度量值呈現數值,也會顯示標題。

⑤ 在標題按下滑鼠右鍵,再點選「編輯別名」。

⑥ 輸入「件數」後,點選「確定」關閉畫面。

⑦ 在「標記」卡的「文字」以滑鼠右鍵點選「度量值」,再點選「設定格式」。

⑧ 從「預設值」點選「數字」→「數字(標準)」。

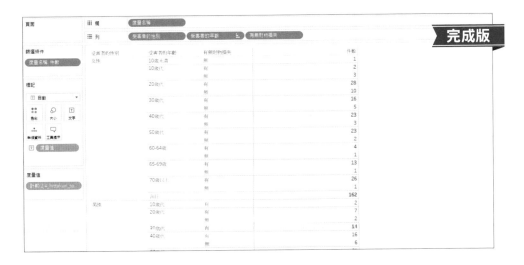

完成版

用技巧解決

以指定的三階段製作以顏色作為區分的醒目提醒表

Data \Chap02\2.5_access_to_electricity_%_of_population_region.csv

Technique

☑ 連續與離散　　　　　　　☑ 算式
☑ 製作醒目提醒表　　　　　☑ 軸範圍的固定

題目

如果在交叉表使用顏色，就能更直覺地閱讀值。這次要根據世界電力普及率資料繪製下圖這種各 Region（地區）平均 Access to Electricity（% of population）（電力普及率）的年度趨勢表。還要以下列三種方式標記顏色。

（A）三段式背景色。

（B）大於等於 90%、大於等於 70%、小於 90%、小於 70% 的資料的話，設定不同的文字顏色

（C）大於等於 90%、大於等於 70%、小於 90%、小於 70% 的資料的話，設定不同的背景色

Year	East Asia & Pacific	Europe & Central Asia	Latin America & Caribbean	Middle East & North Africa	North America	South Asia	Sub-Saharan Africa
1990	99.98	100.00	92.31	99.64	100.00		27.66
1991	94.43	100.00	87.22	99.75	100.00	14.29	22.09
1992	95.94	100.00	87.35	90.38	100.00	11.97	17.36
1993	88.91	100.00	86.64	90.84	100.00	32.72	17.58
1994	84.41	100.00	87.45	90.80	100.00	33.32	21.16
1995	84.67	100.00	85.06	90.96	100.00	38.12	21.99
1996	81.71	99.96	86.07	89.52	100.00	30.81	23.36
1997	82.10	99.95	86.42	89.86	100.00	30.88	22.21
1998	80.00	99.95	86.44	90.44	100.00	43.42	23.04
1999	76.96	99.78	87.68	90.76	100.00	46.08	23.90
2000	78.91	99.88	88.05	91.55	100.00	50.69	27.29
2001	76.16	99.89	88.99	92.16	100.00	53.90	28.11
2002	76.53	99.96	89.44	91.66	100.00	59.87	29.42
2003	77.23	99.92	89.86	92.53	100.00	59.82	30.61
2004	78.57	99.88	90.36	92.74	100.00	61.55	31.25
2005	79.68	99.86	90.59	93.11	100.00	60.01	31.93
2006	79.96	99.88	91.57	94.41	100.00	62.42	33.15
2007	81.07	99.90	92.18	93.42	100.00	65.04	34.94
2008	82.31	99.89	92.81	93.54	100.00	67.32	34.32
2009	81.52	99.91	93.07	93.81	100.00	70.31	34.04
2010	82.21	99.90	92.81	94.70	100.00	71.37	35.76
2011	84.09	99.91	94.17	94.64	100.00	72.15	37.99
2012	85.33	99.97	94.65	94.60	100.00	79.44	39.22
2013	86.76	99.95	95.19	94.87	100.00	79.67	40.22
2014	87.14	99.93	95.56	94.14	100.00	84.37	41.75
2015	88.91	99.88	96.01	94.75	100.00	84.81	43.87
2016	90.13	99.37	96.46	94.78	100.00	90.31	46.36

欄	Region
列	Year ※先在「資料」窗格按下滑鼠右鍵，選擇「轉換為離散」
「標記」卡的「文字」	平均值（Access to Electricity（% of population））

解 答

■ （A）三段式背景色

1 參考下方表格在視圖新增設定。

「標記」卡的「色彩」	平均值（Access to Electricity（% of population））
「標記」類型	方形

2 點選「標記」卡的「色彩」→「編輯色彩」，再將色板變更為「紅色 - 綠色 - 金色發散」，勾選「漸變色彩」，再設定「3」步驟。

3 點選「確定」關閉畫面。

4 點選「標記」卡的「色彩」調整顏色的不透明度以及加上框線。

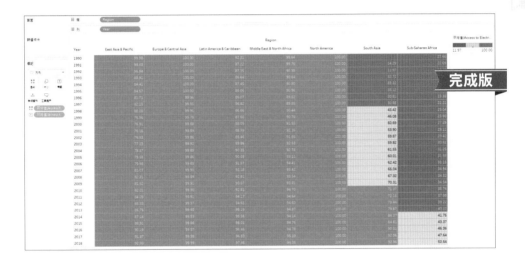

■ （B）大於等於 **90%**、大於等於 **70%**、小於 **90%**、小於 **70%** 的資料的話，設定不同的文字顏色

1 從選單列點選「分析」→「建立計算欄位」。

2 將新的計算欄位命名為「3 階段評價」，再如圖輸入公式。

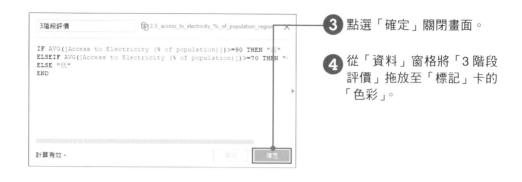

③ 點選「確定」關閉畫面。

④ 從「資料」窗格將「3 階段評價」拖放至「標記」卡的「色彩」。

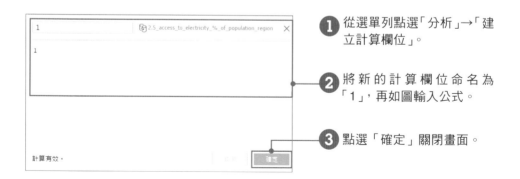

完成版

■ （C）大於等於 90%、大於等於 70%、小於 90%、小於 70% 的資料的話，設定不同的背景色

接著要接續（B）的操作。將標記類型設定為「方形」也無法在背景套用不同的顏色，所以要在覆蓋整個版面的長條圖設定標籤。

① 從選單列點選「分析」→「建立計算欄位」。

② 將新的計算欄位命名為「1」，再如圖輸入公式。

③ 點選「確定」關閉畫面。

④ 接著要在交叉表的背景設定顏色。以滑鼠右鍵將「資料」窗格的「1」拖放至「欄」。

⑤ 點選「最小（1）」，再點選「確定」關閉畫面。

⑥ 在下方的橫軸按下滑鼠右鍵，再點選「編輯軸」。

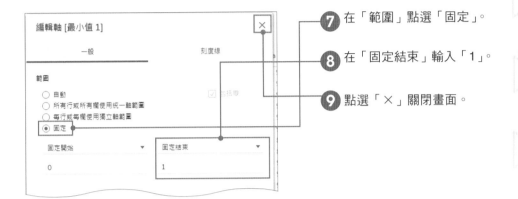

⑦ 在「範圍」點選「固定」。

⑧ 在「固定結束」輸入「1」。

⑨ 點選「×」關閉畫面。

⑩ 在下方的橫軸按下滑鼠右鍵，點選「顯示標題」，讓標題隱藏。

⑪ 點選「標記」卡的「標籤」，再勾選下方的「允許標籤覆蓋其他標記」，接著點選「對齊」，設定「水平：居中」。

⑫ 點選「標記」卡的「色彩」，調降顏色的不透明度以及設定框線的顏色。

⑬ 點選「標記」卡的「大小」，放大圖表。

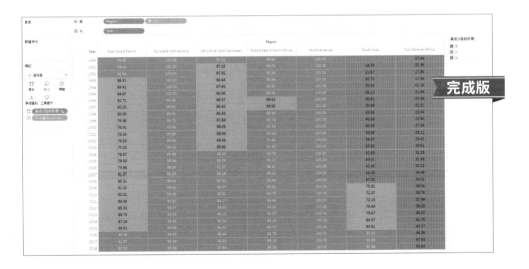

Section 2.6 Tableau

植入百萬單位的標籤並顯示所有的值，即使有資料是空白的

Data \Chap02\2.6_trade_prices_tokyo(2020).csv

Technique
☑ 顯示空列
☑ 自訂格式

題目

利用篩選條件選取值的時候，如果能在沒有資料的情況下顯示相同的值，圖表會比較容易閱讀。這次要如下圖般，將市區町村名設定為篩選條件，將 2020 年東京都不動產交易資料的各種不動產成交價格（總額）畫成長條圖，再於長條顯示金額。雖然不動產的種類有 5 種，但澀谷區沒有農地與林地，所以不會在視圖顯示這兩種不動產的值。這次會設定成在選擇市區町村名的時候，一樣顯示 5 種不動產的值，也會在長條的末端顯示「NT$500 百萬」這種貨幣符號與百萬單位。

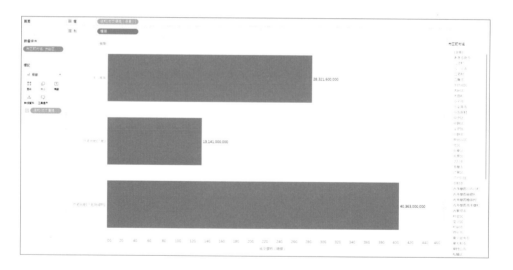

欄	總和（成交價格（總額））
列	種類

篩選條件	市區町村名※選擇「澀谷區」。以「單值（清單）」的方式顯示
「標記」卡的「標籤」	總和（成交價格（總額））

解 答

❶ 這次要在某些資料為空白的時候，一樣顯示所有的值（五種的值）。從選單列點選「分析」→「表配置」→「顯示空列」。

❷ 調整顯示的單位。在「標記」卡的「標籤」以滑鼠右鍵點選「總和（成交價格（總額））」，點選「設定格式」。

❸ 在「預設值」的「數字」點選「▼」，再點選「貨幣（自訂）」。

❹ 點選「顯示單位」的「▼」，再點選「百萬（M）」。

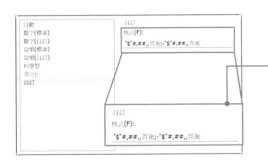

❺ 在「預設值」的「數字」點選「▼」，再點選「自訂」。

❻ 如圖將「M」換成百萬。這次將兩個部分換成「百萬」，但左側的是正值的格式，右側則是負值的格式。

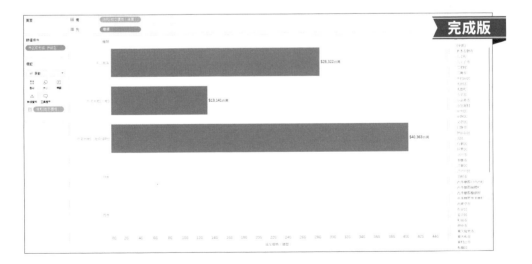

完成版

75

為具有多個維度的
長條圖排序

題 目

以多個維度繪製長條圖之後,有時候會希望以維度值的組合進行遞減排序,而不是依照維度本身進行排序。

Spotify 有依照音樂類型分類歌曲的資料。讓我們依照下圖,根據音樂類型與 Playlist(播放清單:歌曲的集合)將平均值 Popularity(受歡迎的分數)、平均值 Danceability(適合跳舞的程度)與平均值 Energy(能量)繪製成長條圖,再以遞減方式排序,並以歌曲的多寡標記顏色。

最後再試著以音樂類型以及 Playlist 的值的組合進行遞減排序。

欄	平均值（Popularity）、平均值（Danceability）、平均值（Energy）
列	音樂類型（※聯集各資料，再將欄位名稱設定為「音樂類型」。使用萬用字元聯集的方法可參考1.9的❶～❸，從「路徑」篩選出「音樂類型」的方法可參考1.12的❸與❹）、Playlist
「標記」卡的「色彩」	計數(2.7_alternative_music.csv)（※選擇「橙色-藍色發散」，再勾選「漸變色彩」
其他	遞減方式排序📇

解答

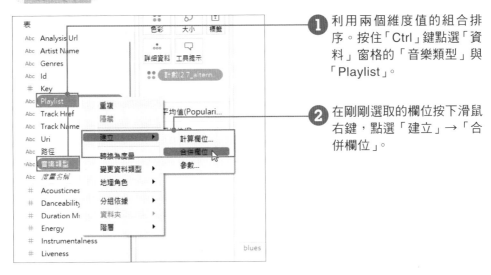

❶ 利用兩個維度值的組合排序。按住「Ctrl」鍵點選「資料」窗格的「音樂類型」與「Playlist」。

❷ 在剛剛選取的欄位按下滑鼠右鍵，點選「建立」→「合併欄位」。

❸ 將「資料」窗格的「音樂類型和 Playlist（已合併）」拖放至「列」的最左側。

❹ 點選工具列的「遞減方式排序」鈕📇。

❺ 在「列」的「音樂類型與 Playlist（已合併）」按下滑鼠右鍵，點選「顯示標題」，隱藏標題。

為了進一步了解資料的趨勢，讓我們繼續視覺化分析的練習。

6 先於整張視圖確認顏色。將工具列的「標準」設定為「整個檢視」。

7 接著隱藏背景的分界線。在選單列點選「格式」→「邊界」。

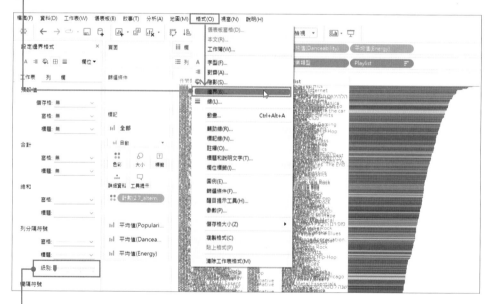

8 在邊界的格式設定裡，將「列分隔符號」的級別調至最左側。以遞減排序的平均值 Popularity 觀察整張視圖，會發現橙色的長條都集中在下方，代表不受歡迎的歌曲很少。

⑨ 接著要以 Danceability 排序。點選「列」的「平均值（Danceability）」。

⑩ 點選工具列的「遞減方式排序」鈕🔲。以遞減排序的平均值 Danceability 觀察整張視圖，會發現橘色長條集中在上方，藍色長條集中在下方，適合跳舞的歌曲似乎不多。

⑪ 接著要以相同的方式利用 Energy 排序。點選「列」的「平均值（Energy）」。

⑫ 點選工具列的「遞減方式排序」鈕🔲。以遞減排序的平均值 Energy 觀察整張視圖，會發現藍色長條集中在上方，橙色長條集中在下方，動感十足的歌曲似乎很多。

讓我們試著調整視圖的顯示範圍、排序方式與顏色，透過不同的觀點找出資料的趨勢吧。

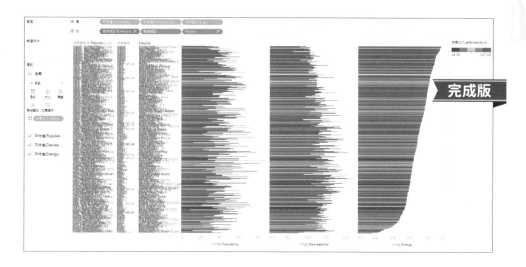

Point 欄位的排序

想替指定的欄位排序時，可先點選該欄位，再點選工具列的「遞減方式排序」鈕🔲。就算是有很多個欄位的視圖，像這樣點選兩次就能替欄位排序。如果需要進一步排序，可在欄位名稱按下滑鼠右鍵，再點選「排序」。

2.8 在沒有資料的儲存顯示 0

Data
\Chap02\2.8_hotel_bookings.csv

Technique
☑ 算式
☑ 表計算

題目

交叉表完成之後，偶爾會出現沒有資料的空白儲存格，有時候會需要讓這類儲存格顯示「0」這個數字。接著讓我們如下圖，顯示旅館預約資料的 Reservation Status（預約狀況）、Reserved Room Type（預約房間類型）、Hotel（旅館）的預約數。

雖然 Resort Hotel（度假村）的 B 型房間沒有任何 Canceled（取消），但是 City Hotel（都會旅館）卻有取消的資料，所以會出現空白的儲存格。讓我們試著在這類儲存格顯示「0」吧。

Reservation Status	Reserved Room Type	City Hotel	Resort Hotel
Canceled	A	26,552	5,204
	B	353	
	C	5	295
	D	4,004	1,920
	E	476	1,369
	F	671	172
	G	116	638
	H		239
	L		2
	P	10	2
Check-Out	A	35,347	17,017
	B	747	3
	C	9	615
	D	7,621	5,478
	E	2,048	3,573
	F	2,081	926
	G	365	966
	H		384
	L		4
No-Show	A	896	178
	B	15	
	C		8
	D	143	45
	E	90	40
	F	29	8
	G	3	6
	H		6

欄	Hotel
列	Reservation Status、Reserved Room Type
「標記」卡的「文字」	計數（2.8_hotel_bookings.csv）

解答

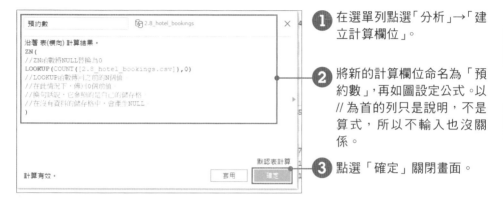

在選單列點選「分析」→「建立計算欄位」。

將新的計算欄位命名為「預約數」，再如圖設定公式。以 // 為首的列只是說明，不是算式，所以不輸入也沒關係。

點選「確定」關閉畫面。

4 從「資料」窗格將「預約數」拖放至「標記」卡的「計數（2.8_hotel_bookings.csv）」，讓欄位置換成文字。

計算欄位內容：

```
預約數                        2.8_hotel_bookings
沿著 表(橫向) 計算結果。
ZN (
//ZN為將數據NULL轉換為0
LOOKUP(COUNT([2.8_hotel_bookings.csv]),0)
//LOOKUP為數據N之前的N個值
//在此情況下，傳回0個前值
//換句話說，它象照的是自己的儲存格
//在沒有資料的儲存格中，會產生NULL
)
```

完成版

	Reservation Status	Reserved Room Type	City Hotel	Resort Hotel
	Cancelled	A	29,562	6,204
		B	363	0
		C	5	295
		D	4,004	1,910
		E	475	1,369
		F	671	172
		G	116	638
		H	0	239
		L	0	2
		P	10	2
	Check-Out	A	35,347	17,017
		B	747	3
		C	9	615
		D	7,621	5,478
		E	1,048	3,573
		F	1,091	928
		G	365	966
		H	0	366
		L	0	4
	No-Show	A	696	178
		B	15	0
		C	0	8
		D	143	46
		E	30	40
		F	29	8
		G	3	6
		H	0	6

81

Section
2.9
Tableau

統整稀少次數的直方圖

Data \Chap02\2.9_airbnb_summary_listings.csv

Technique ☑ 算式

題目

要掌握值的分布可使用直方圖。假設值的分布呈山形，且山腳的部分若是往左右兩側延伸，不需要進行任何調整也能正確判讀資料，不過，若整理山腳的部分，次數（件數）較多的部分就會變得更簡潔易讀。這次要如下圖將 Airbnb 各住宿設施的 Price（價格）設定為 5000 元的資料桶，再將住宿設施數量畫成長條圖。

此外，還要將 50000 元以上的資料整理成單一長條。

欄	Price（資料桶） ※在「資料」窗格的「Price」按下滑鼠右鍵，點選「建立」→「資料桶」，再將「資料桶大小」設定為「5000」
列	計數（2.9_airbnb_SUMMA_listings.csv）

解答

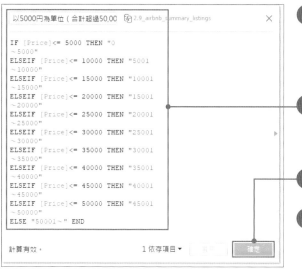

以5000円為單位（合計超過50,00　　2.9_airbnb_summary_listings　　✕

```
IF [Price]<= 5000 THEN "0
~5000"
ELSEIF [Price]<= 10000 THEN "5001
~10000"
ELSEIF [Price]<= 15000 THEN "10001
~15000"
ELSEIF [Price]<= 20000 THEN "15001
~20000"
ELSEIF [Price]<= 25000 THEN "20001
~25000"
ELSEIF [Price]<= 30000 THEN "25001
~30000"
ELSEIF [Price]<= 35000 THEN "30001
~35000"
ELSEIF [Price]<= 40000 THEN "35001
~40000"
ELSEIF [Price]<= 45000 THEN "40001
~45000"
ELSEIF [Price]<= 50000 THEN "45001
~50000"
ELSE "50001~" END
```

計算有效。　　　　　　　　　　1 依存項目 ▾　　　　　　確定

① 如果不希望資料桶大小為固定的數字，而是指定的間隔時，可建立計算欄位。從選單列點選「分析」→「建立計算欄位」。

② 將新的計算欄位命名為「以5000　為單位（合計超過50,000）」，再如圖輸入公式。

③ 點選「確定」關閉畫面。

④ 從「資料」窗格將「以5000為單位（合計超過50,000）」拖放至「欄」的「Price（資料桶）」置換欄位。

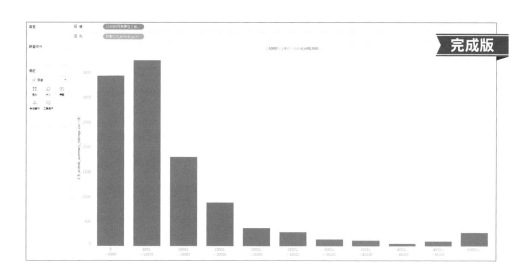

完成版

Point 引號之內的文字太多怎麼辦？

從②的計算欄位可以發現，引號之內的文字非常多，此時可在～之前換行，讓視圖的內容跟著換行顯示。在引號之內輸入空白之後，就會在代表換行的空白字元處自動換行。

Section 2.10 Tableau

顯示未來日期的資料

Data

\Chap02\2.10_pcr_positive_daily.csv

Technique

☑ 編輯軸
☑ 無色的常量線

題目

在替銷售額與銷售數量這類每日更新資料繪製圖表時，有時候會想繪製資料收集齊全之後的日期繪製視圖。這次讓我們根據日本 COVID-19 單日陽性者數資料，繪製如下圖說明最新月份的單日趨勢折線圖。

此外，要讓橫軸拉寬至 31 天的寬度。

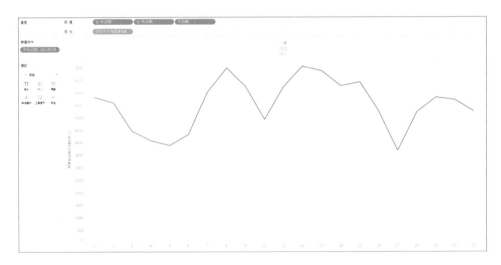

欄	年（日期）、月（日期）、天（日期）
列	總和（Pcr檢查陽性者數（單日））
篩選條件	月／年（日期）※ 勾選「打開工作簿時篩選到最新日期值」，再選擇 2021 年 5 月

解答

在此要介紹兩種繪製前述折線圖的方法。方法 1 會顯示範圍 0～32 的軸，方法 2 則至少會顯示範圍到 31 的軸。

1 在「欄」的「天（日期）」按下滑鼠右鍵，點選「連續」轉換成軸。

■ 方法 1：指定軸的顯示範圍

2 在橫軸按下滑鼠右鍵，點選「編輯軸」。

3 在「範圍」選擇「固定」，再將「固定開始」設定為「0」，「固定結束」設定為 32」。

4 點選「×」關閉畫面。

■ 方法 2：指定顯示最小範圍的軸

2 從「分析」窗格將「常量線」拖至視圖，再放至「天（日期）」，接著在「值」輸入「30」。

3 在常量線附近按下滑鼠左鍵，點選「編輯」，再將「標籤」與「線」都設定成「無」。

4 從選單列點選「格式」→「線」。

5 在「工作表」頁籤將「零值線」設定為「無」。

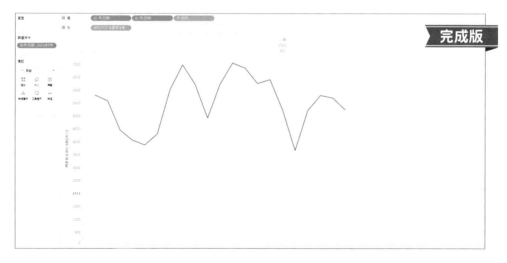

若不希望在軸顯示 0 或 32，可在橫軸按下滑鼠右鍵，點選「顯示標題」，隱藏標題。假設在使用方法 2 的時候遇到比常量線的值更大的值，軸會自動拉寬。如果要繪製的是最大值會持續變動的長條圖，比較適合使用方法 2。

2.11 為堆疊長條圖的項目排序

Data \Chap02\2.11_trade_prices_tokyo_condo(2020).csv

Technique
☑ 合併欄位
☑ 替指定的欄位排序

題目

有時候會想替堆疊長條圖的長條排序，再替長條中的顏色排序，藉此掌握資料的大小。這次要針對 2020 年東京都中古大樓不動產資料的最近的車站，整理成交件數，再依照格局（房間數量）標記顏色。

此外，還要讓每個長條的顏色由左至右，根據遞減的方式排序。

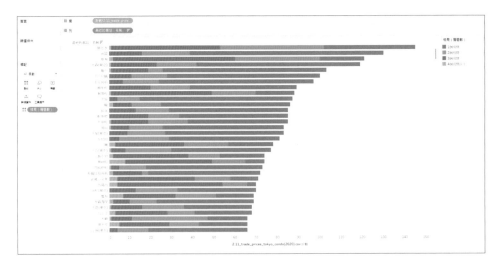

欄	計數（2.11_trade_prices_tokyo_condo(2020).csv）
列	最近的車站：名稱
「標記」卡的「色彩」	格局（房間數）
其他	遞減方式排序🔢

解 答

① 按住「Ctrl」鍵點選「資料」窗格的「格局」與「最近的車站：名稱」。

② 在剛剛選取的欄位按下滑鼠右鍵，點選「建立」→「合併欄位」。

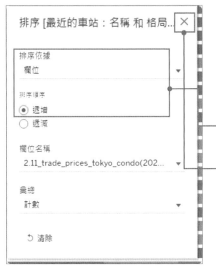

③ 將「資料」窗格的「最近的車站：名稱和格局（已合併）」拖曳到「標記」卡的「格局（房間數）」。

④ 在「標記」卡的「詳細資料」的「最近的車站：名稱和格局（已合併）」按下滑鼠右鍵，再點選「排序」。

⑤ 如圖將「排序依據」設定為「欄位」，讓件數由多至少排列。

⑥ 點選「×」關閉畫面。

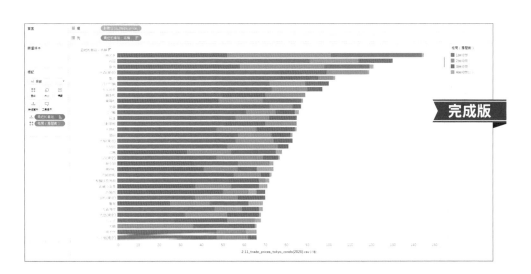

完成版

利用堆疊長條圖的顏色類別排列長條

Data \Chap02\2.11_trade_prices_tokyo_condo(2020).csv

Technique ☑ 使用算式排序
☑ 工具提示的操作

題目

有時候會想要依照由大至小的順序，排列已經套用顏色的長條。

讓我們根據 **2.11** 的圖以及 1 房的成交數量排序長條吧。

解答

這個題目的解法有兩種，一種是使用算式，一種是使用點選視圖，進行排序的互動式操作方法。

第一種方法可在資料更新之後，依照指定的順序排序。第二種方法雖然不用撰寫算式，卻需要在視圖進行操作，所以適用於需要即時確認資料的視覺性分析。

■ 方法 1：使用算式的方法

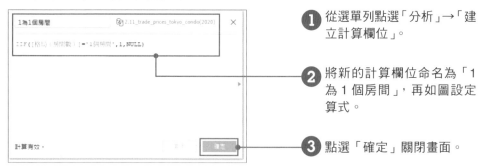

❶ 從選單列點選「分析」→「建立計算欄位」。

❷ 將新的計算欄位命名為「1為 1 個房間」，再如圖設定算式。

❸ 點選「確定」關閉畫面。

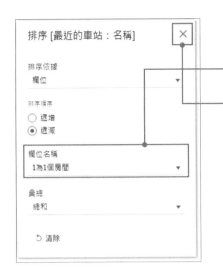

④ 在「列」的「最近的車站：名稱」按下滑鼠右鍵，點選「排序」。

⑤ 將「欄位名稱」改成「1為1個房間」。總和的1個房間數量會依照遞減的順序排序。

⑥ 點選「×」關閉畫面。接著在參數選擇「1個房間」或「2個房間」，即可動態調整排列順序。

■ 方法 2：點選視圖排序的方法

❶ 點選代表「1個房間」的藍色部分。

❷ 在工具提示點選「1個房間」。

❸ 在工具提示點選遞減方式排序鈕。

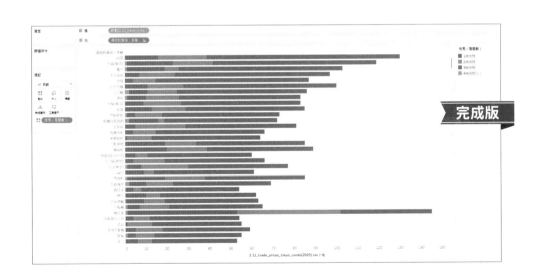

完成版

只顯示最後一年的
去年同月比

Data   \Chap02\2.13_hotel_bookings.csv

Technique
☑ 製作表計算的計算欄位
☑ 表計算篩選條件

題 目

在商業的世界裡，常常會針對金額這類值，比較今年與去年的情況或這個月與上個月的差距。這次要如下圖所示，根據旅館預約資料的 Reservation Status Date（年月）的預約數繪製長條圖。

此外，會在長條圖下方顯示前年同月比的折線圖，也會套用只顯示 2017 年結果的篩選條件。

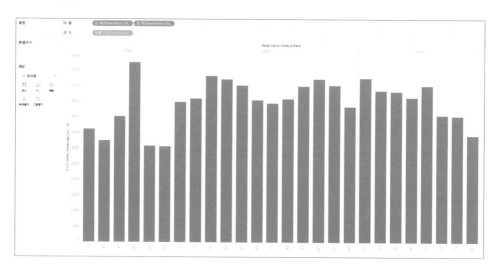

欄	年（Reservation Status Date）、月（Reservation Status Date）
列	計數（2.13_hotel_bookings.csv）
「標記」類型	長條圖

用技巧解決

解 答

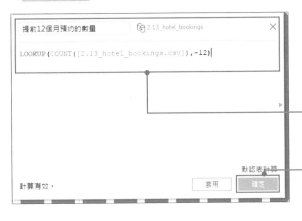

① 首先要製作前年同月比的欄位，即參考前 12 個月資料的欄位。從選單列點選「分析」→「建立計算欄位」。

② 將新的計算欄位命名為「提前 12 個月預約的數量」，再如圖輸入公式。

③ 點選「確定」關閉畫面。

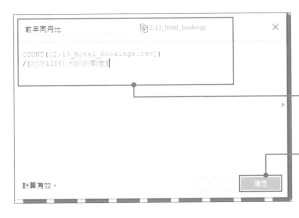

④ 接著要計算前年同月比。

⑤ 將新的計算欄位命名為「前年同月比」，再如圖輸入公式。

⑥ 點選「確定」關閉畫面。

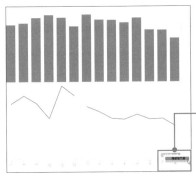

⑦ 接著要將前年同月比的資料畫成折線圖，再於長條圖下方配置。將「資料」窗格的「前年同月比」拖放至「列」。

⑧ 點選「標記」卡下方的「前年同月比」，再將標記類型設定為「線」。

⑨ 在視圖右下角的「> 12 個 null」按下滑鼠右鍵，再點選「隱藏指示器」。

要在使用 LOOKUP 函數進行表計算的視圖套用篩選條件，就必須使用篩選條件的計算欄位，因為在顯示 2017 年的前年同月月比的時候，若是篩選條件的範圍涵蓋 2016 年的資料，就無法與前一年的資料進行比較。接下來要利用計算欄位建立不在資料套用篩選條件，以及可控制視圖的表計算篩選條件。

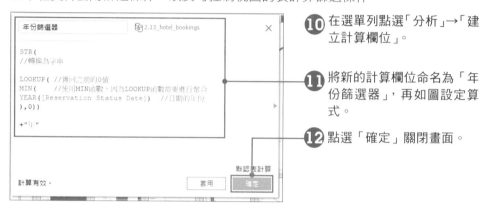

⑩ 在選單列點選「分析」→「建立計算欄位」。

⑪ 將新的計算欄位命名為「年份篩選器」，再如圖設定算式。

⑫ 點選「確定」關閉畫面。

⑬ 接著要設定篩選條件。將「資料」窗格的「年份篩選器」拖放至「篩選條件」功能區。

⑭ 勾選「2017 年」。

⑮ 點選「確定」關閉畫面。

⑯ 為了在視圖呈現所有的標記。要調整軸的範圍。在下方的直軸按下滑鼠右鍵，點選「編輯軸」。

⑰ 取消「包括零」的選取，再點選「×」關閉畫面。

Point 沒有前年同月資料時的解決方案

在進行步驟❶、❷的時候，不是以 LOOKUP（COUNT([2. 2.13_hotel_bookings. csv]),-1）參照前一年的資料，而是以 LOOKUP(COUNT([2.13_hotel_bookings. csv]),-12) 參照前 12 個月的資料。LOOKUP 函數的重點不在於日期而是標記，所以若指定成 2016 年 1 月的一年前，就會變成參照 2015 年 7 月的資料。此時就必須如步驟❶、❷建立參照 12 個月之前的計算欄位。

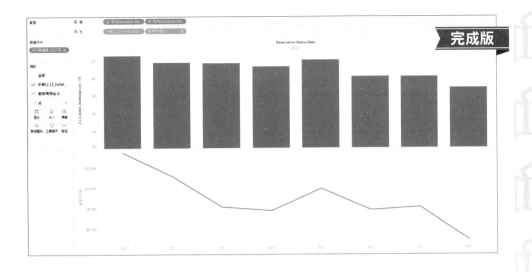

Point 確認計算欄位依存關係的方法

我們可以確認計算欄位在哪些欄位、工作表或是儀表板使用。有「資料」窗格的計算欄位按下滑鼠右鍵,再點選「編輯」之後,等到計算編輯器視窗開啟,點選下方的「○依存項目」就能確認計算欄位與其他欄位、工作表或儀表板的依存關係。

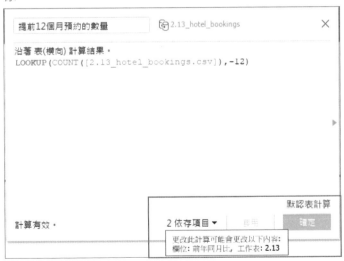

Section 2.14
Tableau

只顯示各類別的前幾名

Data　\Chap02\2.14_forbes_celebrity_100(2020).csv

Technique
- ☑ 快速表計算與表計算的設定
- ☑ 連續與離散

題目

當類別之內的商品名稱太多，或是顧客區隔內的顧客名稱過多，通常只會顯示各分類的前幾名資料。這次要利用名人 2020 年年收入前 100 名資料的 Category（類別）、Name（名人姓名）與 Pay（USD millions）（年收入）繪製下列的長條圖。

此外，只顯示各 Category 前段班的 Name，並且依序遞減方式排序。

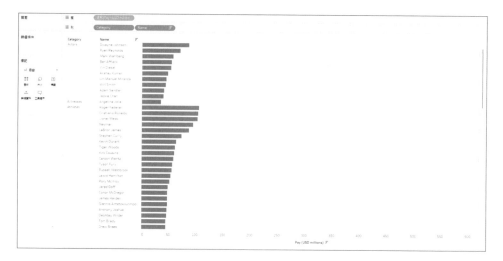

欄	總和（Pay（USD millions））
列	Category、Name
其他	遞減方式排序

解 答

1. 第一步要替各 Category 建立排名。從「資料」窗格將「Pay（USD millions）」拖放至「列」。

2. 接著要以金額排名。在「列」的「總和（Pay（USD millions））」按下滑鼠右鍵，再點選「快速表計算」→「排序」。

3. 接著要讓排名以數字的方式顯示為標題。在「列」的「總和（Pay（USD millions））」按下滑鼠右鍵，點選「離散」。

4. 將「列」的「總和（Pay（USD millions））」移動到「列」的「Category」與「Name」之間。

5. 接著要計算各類別之內的排名。在「列」的「總和（Pay（USD millions））」按下滑鼠右鍵，再點選「計算依據」→「窗格（向下）」。

6. 將排名精簡至排名第 1 的範圍。將「列」的「總和（Pay（USD millions））」拖放至「篩選條件」功能區。

7. 只勾選「1」，再點選「確定」關閉畫面。

8. 在工具列點選「遞減方式排序」。

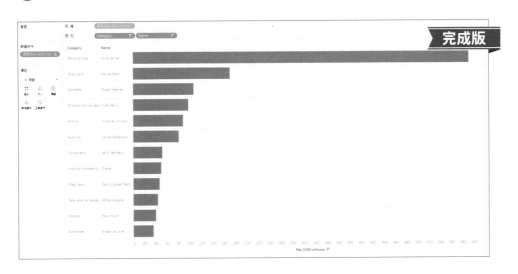

顯示 4 月之後的
上半季與下半季

Data　\Chap02\2.15_visitor_arrivals(2006_2020).csv

Technique
☑ 算式　　　　　　　　　　☑ 別名
☑ 以 4 月為起點的會計年度

題目

將數據分成上半季與下半季再判斷情勢的情況非常多。這次要以年與季為單位，將訪日外國遊客人數畫成長條圖。

此外，還要以 4 月為年度的起點，試著將單位變更為上半季與下半季的單位。

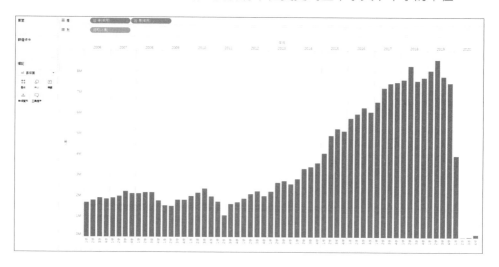

欄	年（年月）、季（年月）
列	總和（人數）
「標記」卡的「標記」類型	長條圖

解答

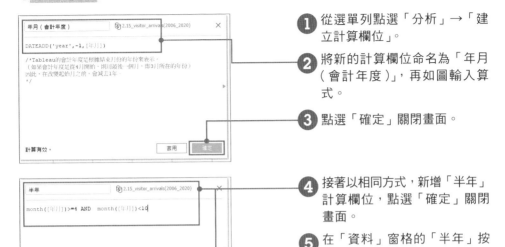

1. 從選單列點選「分析」→「建立計算欄位」。

2. 將新的計算欄位命名為「年月（會計年度）」，再如圖輸入算式。

3. 點選「確定」關閉畫面。

4. 接著以相同方式，新增「半年」計算欄位，點選「確定」關閉畫面。

5. 在「資料」窗格的「半年」按下滑鼠右鍵，點選「別名」。

6. 將「True」命名為「上半年」，將「False」命名為「下半年」，再點選「確定」關閉畫面。

7. 在「資料」窗格的「年月（會計年度）」按下滑鼠右鍵，點選「預設屬性」→「會計年度開始」→「4月」。

8. 刪除「欄」的欄位，再將「資料」窗格的「年月（會計年度）」與「半年」拖放至「欄」。

9. 為了讓上半年挪到下半年的左邊，在「欄」的「半年」按下滑鼠右鍵，點選「排序」，再將「排序」設定為「手動」，接著將上半年移動到上方。

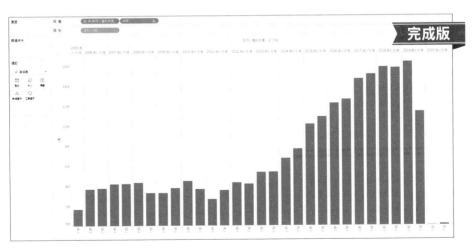

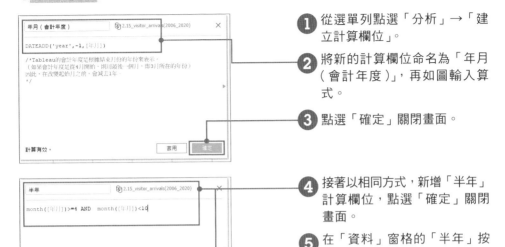（左上方第一張計算欄位視窗）
年月（會計年度）　2.15_visitor_arrivals(2006_2020)

DATEADD('year',-1,[年月])

/*Tableau的會計年度是根據結束月份的年份來表示。
（如果會計年度是從4月開始，則以最後一個月，畫3月所在的年份）
因此，在改變起始月之前，會減去1年
*/

計算有效。　　　　　　　　套用　確定

（第二張計算欄位視窗）
半年　　2.15_visitor_arrivals(2006_2020)

month([年月])>=4 AND month([年月])<10

計算有效。　　　　　　　　套用　確定

完成版

讓冗長的文字折成兩半

Data　\Chap02\2.16)airbnb_reviews.csv

Technique
☑ 算式
☑ 依照指定的欄位順序排序
☑ 讓文字換行
☑ 維度表的呈現方式

題目

如果能在呈現評論、問卷結果、報紙這類文章的時候，讓太長的句子換行，就不需要滑入滑鼠游標，也能閱讀完整的文章。這次要將 2021 年 3 月與北區設定為篩選條件，從 Airbnb 的宿泊設施評論資料篩選出 Comments（評論）。

此外，會依照由多至少的順序排列評論，並且讓超過 75 個字的評論換行。再者，不會讓視圖顯示「Abc」。

篩選條件	Neighbourhood Cleansed ※選擇「Kita Ku」。以單值「下拉清單」顯示篩選條件
	年／月（Data）※勾選「打開工作簿時篩選到最新日期值」，選取2021年3月
列	Comments

解答

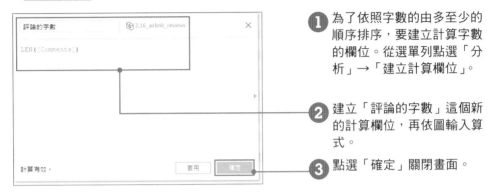

1 為了依照字數的由多至少的順序排序，要建立計算字數的欄位。從選單列點選「分析」→「建立計算欄位」。

2 建立「評論的字數」這個新的計算欄位，再依圖輸入算式。

3 點選「確定」關閉畫面。

4 在「列」的「Comments」按下滑鼠右鍵，點選「排序」。

5 如圖設定。

6 點選「×」關閉畫面。

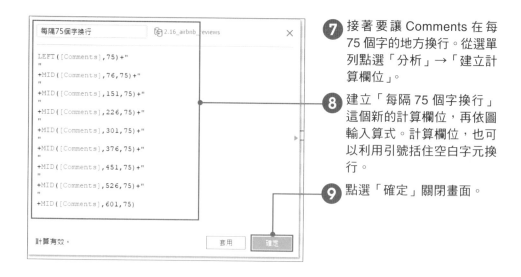

7 接著要讓 Comments 在每 75 個字的地方換行。從選單列點選「分析」→「建立計算欄位」。

8 建立「每隔 75 個字換行」這個新的計算欄位，再依圖輸入算式。計算欄位，也可以利用引號括住空白字元換行。

9 點選「確定」關閉畫面。

10 將「資料」窗格的「每隔 75 個字換行」拖放至「標記」卡的「文字」。

11 為了讓評論換行顯示，請將滑鼠游標移動到標題部分，在視圖上方讓列變高。

12 在「列」的「Comments」按下滑鼠右鍵，點選「顯示標題」隱藏標題。

13 點選「標記」卡的「工具提示」，再刪除「comments」之外的內容。使用工具提示能讓原始的欄位比設定換行的計算欄位更簡潔地換行。

`Point` 顯示「資料來源」頁面的預覽

資料來源頁面下方的「資料來源預覽」有「立即更新」與「自動更新」這兩個按鈕。點選就能預覽資料,不點選也能進行後續的作業。

`Point` 只有維度的交叉表

若是在只想顯示維度時,將維度拖放至「列」,視圖只會出現「Abc」。此時將該維度拖放至「標記」卡的「文字」,並且讓「列」的維度的標題隱藏,就能製作出只有維度的交叉表。

`Point` 標記數量對效能的影響

在視圖完成後,取消篩選條件,通常得耗費一段時間才能看到結果。當視圖的標記數量較多,也就是要繪製的元素比較多,就需要更多時間才能顯示視圖。交叉表的標記通常很多,所以也得花更多時間才能顯示視圖。如果在意這點的話,可試著從畫面顯示的狀態列確認標記數量,以及先套用篩選條件再顯示視圖,藉此減少標記的數量。

繪製合併左右軸範圍的金字塔圖

Data

\Chap02\2.17_population\2.17_population(2019).csv
\Chap02\2.17_population\2.17_population(2007_2019).xlsx

Technique

☑ 雙重軸　　　　　　☑ 資料來源的置換　　　　☑ 循環播放
☑ 萬用字元聯集　　　☑ 頁面

題 目

在舉列男女人數的時候，常會使用將男女分成兩側的金字塔圖，而且為了不讓讀者對男女人數產生誤解，會讓左右兩側的軸的範圍一致。讓我們先利用 2019 年人口推估資料畫出下列這種男女人口圖。

接著讓左側的長條圖倒轉方向，藉此讓兩張長條圖的軸的範圍一致。

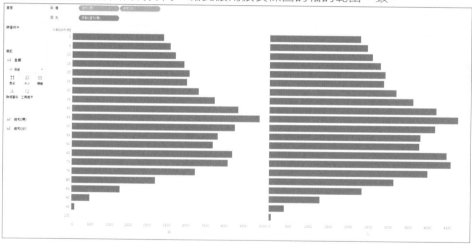

資料來源	2.17_population(2019).csv
欄	總和（男）、總和（女）
列	年齡（資料桶）※資料桶大小設定為「5」。在「資料」窗格的「年齡」按下滑鼠右鍵，點選「建立」→「資料桶」
「標記」卡的「標記」類型	長條圖

解答

① 第一步先讓左側的長條圖轉換成往左邊延伸的方向。在左側長條圖的橫軸按下滑鼠右鍵,再點選「編輯軸」。

② 再於「比例」勾選「倒序」,點選「×」關閉視窗。

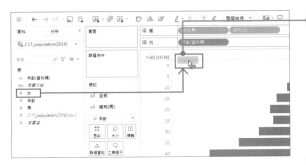

③ 由於左側長條圖的軸範圍是5000多,而右側長條圖的軸範圍是接近5000,所以要讓左右兩張長條圖的軸範圍一致。將「資料」窗格的「女」拖放至左側長條圖的上方,轉換成雙重軸的圖表。

④ 接著同樣將「資料」窗格的「男」拖曳至右側長條圖的軸上方。

⑤ 分別在左右兩側圖表的上方軸按下滑鼠右鍵,再點選「同步軸」。

⑥ 在上軸按下滑鼠右鍵,再點選「顯示標題」,隱藏標題。

⑦ 為了讓軸的尺度相同,要讓上軸的兩個長條圖不那麼顯眼。請點選「標記」卡的「總和(女)」。

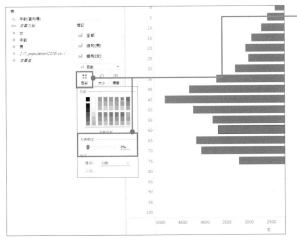

⑧ 點選「標記」卡的「色彩」,再將不透明度設定為 0%。

⑨ 點選「標記」卡的「大小」,將大小調整為最小。

⑩ 點選「標記」卡的「工具提示」,刪除所有輸入的文字。

⑪ 點選「確定」關閉視窗。

⑫ 點選「標記」卡的「總和(男)(2)」,進行步驟⑧~⑪的操作。

⑬ 接著要變更顏色。點選「標記」卡的「全部」,再刪除「色彩」裡面的「多個欄位」。

⑭ 點選「標記」卡的「總和(男)」與「總和(女)(2)」的「色彩」再變更顏色。

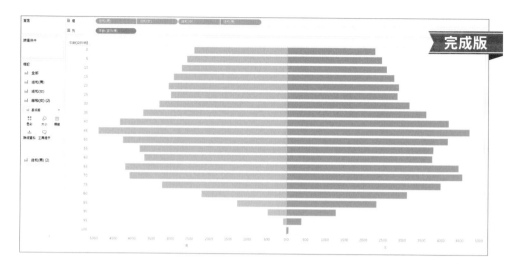

接著要切換成 2007 年至 2019 年的資料，觀察這 13 年的男女人數變化趨勢。

1 第一步要與存放這 13 年資料的資料來源連線。點選選單列的「資料」→「新增資料來源」→「Microsoft Excel」，再將資料指定為「2.17_population(2007_2019).xlsx」。

2 從資料來源頁面左側窗格將「新增聯集」拖放至畫布。

3 點選「萬用字元（自動）」頁籤，再點選「確定」關閉視窗。

4 將「工作表」的欄位名稱更名為「年」，再將資料類型變更為「日期」。

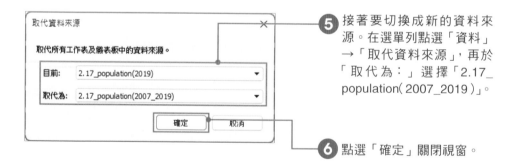

5 接著要切換成新的資料來源。在選單列點選「資料」→「取代資料來源」，再於「取代為：」選擇「2.17_population（2007_2019）」。

6 點選「確定」關閉視窗。

7 接著要讓年度的趨勢動起來。從「資料」窗格將「年」拖放至「頁面」功能區。

⑧ 為了要讓年度趨勢重複播放，請點選畫面右上角的「頁面」卡的下拉清單箭頭「▼」，再點選「循環播放」。

⑨ 接著要在每次切換頁面的時候，讓資料動起來。點選選單列的「格式」→「動畫」，再如圖設定。

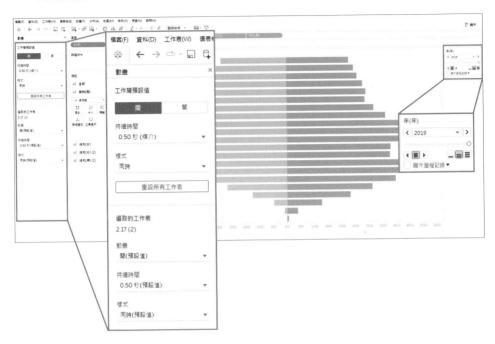

⑩ 點選畫面右上角的「頁面」卡的播放速度「快」，再點選「播放」鈕。

Point 取得畫面顯示的顏色

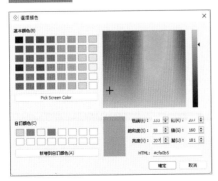

可隨時取得需要的顏色。點選「標記」卡的「色彩」→「其他色彩」，再點選「擷取螢幕顏色」，就能取得電腦螢幕裡的所有顏色。如果是常用的企業色彩，則可點選「新增到自訂顏色」新增，日後就能隨時使用。

Section
2.18
Tableau

比較不同資料來源的
不同欄位

Data

\Chap02\2.18_airbnb_reviews\2.18_airbnb_reviews.csv
\Chap02\2.18_airbnb_reviews\2.18_category_target.csv
\Chap02\2.18_airbnb_reviews\2.18_category_en_jp.csv

Technique

☑ 對應資料的應用　　☑ 混合　　　　　☑ 輔助線
☑ 關聯　　　　　　　☑ 算式

題目

在實務之中，有時候得比較不同資料來源的欄位，例如得比較各商品群組的業績
與預算，或是得比較各工廠的製造數量與出貨數量，但是這些欄位的值不一定會
一致。

假設 Airbnb 東京 23 區評論數中的 4 個區域評論數預設了目標值。讓我們試著根
據 Airbnb 住宿設施評論資料「2.18_airbnb_reviews.csv」的各 Category（區
域）最新月份評論數繪製下列的長條圖。

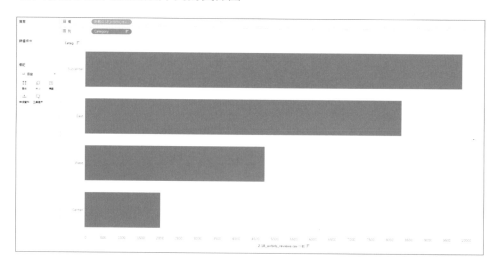

資料來源	2.18_airbnb_reviews.csv
欄	計數（2.18_airbnb_reviews.csv）
列	Category
其他	遞減方式排序

接著要使用每月目標評論數資料「2.18_category_target.csv」以及輔助線與顏色確認各 Category 的評論是否達成 Target（目標值）。

不過，代表 4 個區域的欄位的評論資料為 Category（英語）、目標評論數資料為カテゴリ（日語）。所以若是使用日英對照資料「2.18_category_en_jp.csv」，就能讓 Category 與カテゴリ對應。

解 答

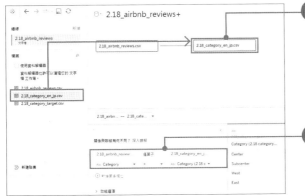

① 為了讓 Category 與カテゴリー一致，要利用關係這項功能組合資料。從「資料來源」頁面的左側窗格將「2.18_category_en_jp.csv」拖放至畫布。

② 確認兩筆資料透過「Category」建立關係之後，先關閉畫面。

③ 移動到工作表，再從「資料」窗格將「類別」拖放至「列」的「Category」，置換欄位。

④ 點選工具列的「遞減方式排序」按鈕。

⑤ 接著要與目標評論數資料連線。在選單列點選「資料」→「新增資料來源」，再與「2.18_category_target.csv」連線。

⑥ 點選「Date」的資料類型圖示，再變更為「日期」。

⑦ 接著要讓步驟①～④的資料與步驟⑤～⑥的資料連結。請移動到工作表。

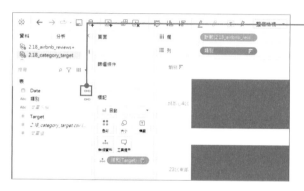

⑧ 點選「資料」窗格的「Date」旁邊的連結欄位圖示（鎖連圖示），讓圖示變成橙色。

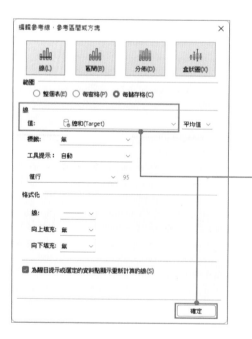

⑨ 接著要繪製子彈圖。從「資料」窗格將「Target」拖放至「標記」卡的「詳細資料」。

⑩ 將「分析」窗格的「輔助線」拖至圖表，再放在「儲存格」。

⑪ 將「值」設定為「總和（Target）」，再點選「確定」關閉視窗。

⑫ 接著要以顏色標記是否達成目標值。從選單列點選「分析」→「建立計算欄位」。

⑬ 將新的計算欄位命名為「超額完成目標」，再如圖設定算式。

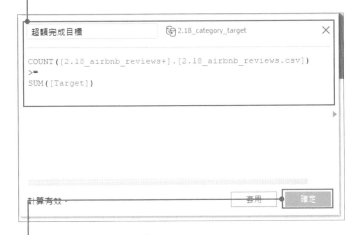

⑭ 點選「確定」關閉視窗。

⑮ 從「資料」窗格將「超額完成目標」拖放至「標記」卡的「色彩」。

⑯ 點選「標記卡」的「色彩」變更顏色。

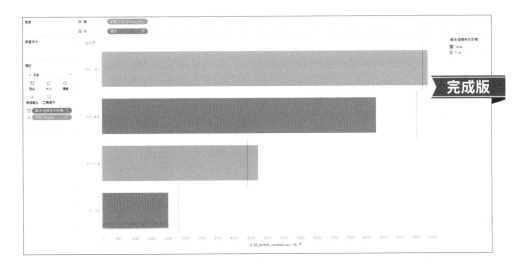

插入特定篩選條件的標題

Data \Chap02\2.19_world_happiness(2020).csv

Technique ☑ 固定色彩範圍
☑ 在標題插入值

題目

有時候會需要讓套用篩選所得的值套用在儀表板的標題。讓我們先利用各國幸福度資料繪製下列的「幸福度」儀表板。點選左側的長條圖，就能利用該長條的值調整右側地圖的資料。而且還要將標題變更為「<選擇的 Regional Indicator> 的幸福度」。

「幸福度」儀表板包含下列兩張工作表。

A「各區域的平均幸福度」：各 Regional indicator（地區）Ladder score（幸福度）的長條圖

B「各國的幸福度地圖」：各 Country name（國家）Ladder score 的填色地圖

這次要設定成在 A 點選 Regional indicator 之後，B 就會顯示不同的資料。

A「各區域的平均幸福度」　　　　　　　　B「各國的幸福度地圖」

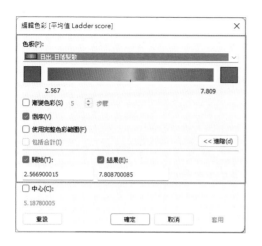

此外，為了讓「ladder score」的開始與結束的顏色一致，請在「資料」窗格的「Ladder score」按下滑鼠右鍵，點選「預設屬性」→「色彩」，再如左圖變更。

參考下列表格製作 A「各區域的平均幸福度」的視圖。

欄	平均值（Ladder socre）
列	Regional indicator
「標記」卡的「色彩」	平均值（Ladder score）
其他	遞減方式排序▣

參考下列表格製作 B「各國的平均幸福度」的視圖。

「標記」卡的「詳細資料」	Country name
欄	經度（產生）
列	緯度（產生）
「標記」卡的「色彩」	總和（Ladder socre）

此外，點選地圖右下角「6 未知」，再如圖設定對應的位置。

· Hong Kong S.A.R. of China －香港

· North Cyprus －北賽普勒斯

· Taiwan Province of China －台灣

接著要在「幸福度」儀表板點選 A，顯示灰色框線，並在工具頁籤點選「作為篩選條件使用」圖示🔽，轉換成填滿白色的狀態🔽，篩選出對應的資料。

解答

① 篩選所得的值可直接插入工作表的標題。由於無法插入儀表板的標題，所以為了讓篩選所得的值當成儀表板的標題使用，要先新增工作表。

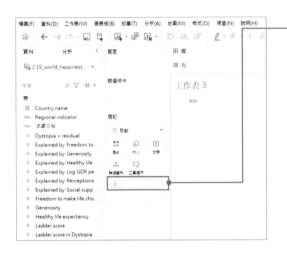

② 要在功能區放入多個欄位。雙擊「標記」卡，輸入「0」再按下「Enter」鍵。接著將「總和（0）」放入「詳細資料」。想要放入什麼欄位都可以。

③ 在 B「各國的幸福度地圖」點選「篩選條件」功能區的「套用於工作表」→「選取的工作表」。

④ 勾選在步驟❶建立的工作表，再點選「確定」關閉視窗。

⑤ 在步驟❶建立的工作表的標題按下滑鼠右鍵，點選「編輯標題」。

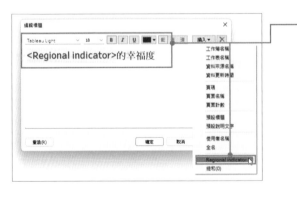

⑥ 要顯示選取的區域名稱。點選「插入」→「Regional indicator」，再於「編輯標題」對話框如圖輸入文字。可在標題插入視圖的欄位、篩選所得的值或是參數值。

⑦ 點選「確定」關閉視窗。

⑧ 移動到「幸福度」儀表板，再將該工作表拖放至上方，以便讓步驟❶建立的工作表的標題顯示為儀表板的標題。

⑨ 拖放完畢後，要調整該工作表的高度。

⑩ 將工具列的「標準」設定為「符合寬度」,調整工作表的視圖大小,才能讓標題看得見。

⑪ 隱藏儀表板的標題。取消畫面左下角的「顯示儀表板標題」選項。

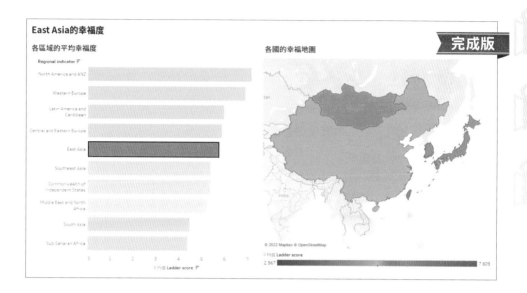

Point 取得工作表資訊

可取得各工作表顯示了哪些視圖的文字資訊。

從選單列點選「工作表」→「描述工作表」,就會顯示圖表種類以及使用了哪些欄位或是資料來源。這項功能,很適合在需要將視覺化分析的資訊儲存為文件的時候使用。

Section

2.20

Tableau

不同儀表板的篩選方式

Data \Chap02\2.19_world_happiness(2020).csv

Technique ☑ 在標題插入值

題目

儀表板可利用篩選條件的設定變得更容易操作。在此要以 **2.19** 的「幸福度」儀表板示範。請先建立第二張儀表板「詳細資料」。接著要利用「幸福度」的長條圖「Regional Indicator」作為「幸福度」地圖與第二張儀表板（詳細資料）的篩選條件。

第二張儀表板「詳細資料」包含下列的工作表。

C「評分」：在各 Country name 之中，以 Explained 為首的六個評分長條圖。

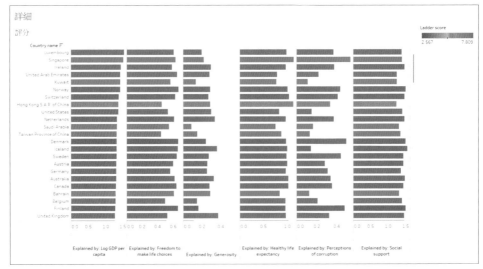

C「評分」

C「評分」可參考下列表格建立視圖。

欄	總和（Explained by：Log GDP per capita） 總和（Explained by：Freedom to make Life choices） 總和（Explained by：Generosity） 總和（Explained by：Healthy Life expectancy） 總和（Explained by：Perceptions of corruption） 總和（Explained by：Social support）
列	Country name
「標記」卡的「色彩」	總和（Ladder score）
其他	遞減方式排序

解答

1 在「幸福度」方面，要從 A 在 B 套用篩選條件。接著要在 B 編輯該篩選條件，再於 C 套用。在「幸福度」點選 A 的長條圖之後，再移動到 B 的工作表。

2 設定篩選動作的工作表會有設定動作的篩選條件。在「篩選條件」功能區的「動作（Regional indicator）」按下滑鼠右鍵，再點選「套用於工作表」→「選取的工作表」。

3 勾選 C 工作表「評分」。

4 點選「確定」關閉視窗。

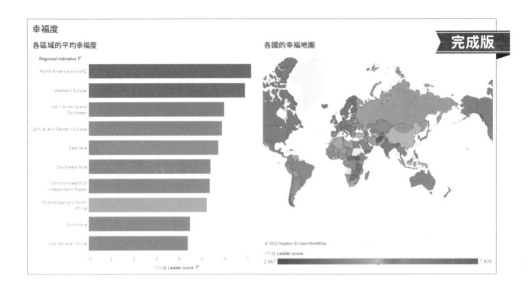

☕ COLUMN

快速存取常用儀表板的方法

如果能替使用者所屬的部門或層級準備立刻就能瀏覽的儀表板，可說是非常貼心的舉動。可以利用 Tableau Server ／ Tableau Online 的專案整理資料，或是直接將資料放在公司內部的網站，但這次要介紹三個利用儀表板功能建立選單的方法。

下列是將需要定期瀏覽的儀表板的連結整理成儀表板的範例。只要點選該連結，就能瀏覽對應的儀表板。

如果要移動到同一個工作簿的其他儀表板，可點選巡覽物件（儀表板編輯畫面左下角的「物件」的「巡覽」），或是利用移動到工作表的動作設定（點選選單列的「儀表板」→「動作」→「前往工作表」）。若要移動到其他工作簿的儀表板，可利用在 Tableau Server ／ Tableau Online 發布的 URL，以 URL 動作設定（點選選單列的「儀表板」→「動作」→「前往 URL」）。

下列是顯示儀表板縮圖的範例。這個範例顯示了螢幕擷圖；與連結目標的儀表板共用的篩選也能在這個選單畫面指定。

117

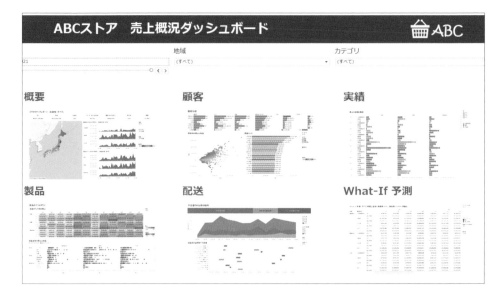

下列是點選標題旁邊的單訂或配送，就能顯示對應的儀表板的範例。各儀表板的標題設計或是高度都是一致的。點選右上角的圖示之後，只有標題與標題下方的視圖會變動。這種儀表板可利用巡覽物件或前往工作表的功能製作。

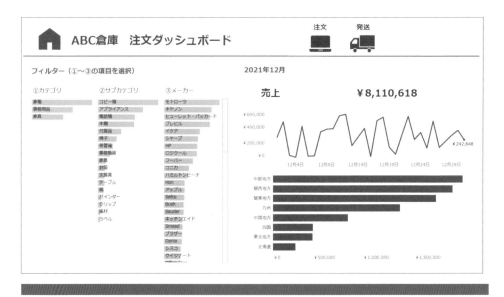

算出需要的值

讓我們在讀完題目之後，從資料找出答案吧。本章要帶著大家練習在各種場合計算需要的值，以便解決日後接踵而來的問題。本章的內容也能幫助大家應付 **Tableau** 證照考試。

此外，解說的步驟僅供參考，建議大家以其他的步驟找出答案，讓自己有更多機會練習。

不動產交易金額最高
的地方政府是？

Data \Chap03\3.1_trade_prices(2019).csv

Technique ☑ 自訂分割

題目

從系統產生的資料有很多種，有的會在一欄裡面以「,」（逗號）或空白字元區分多種資料。

比方說，在 2019 年不動產交易資料的 Municipality（地方政府）之中，有的地方政府依照自己的註記規則，將資料寫成「Shibuya Ward」、「Hachioji City」這種以空白字元作為間隔的格式，有些地方政府則採用了「Aoba Ward,Yokohama City」、「Abeno Ward,Osaka City」這種以逗號做為間隔的格式。在以空白字元或是以逗號為間隔的地方政府的名稱之中，總和 Trade Price（成交金額）最高的 Municipality 是哪裡呢？

解答 正確解答為 Osaka City。

① 在「資料」窗格的「Municipality」按下滑鼠右鍵，點選「轉換」→「自訂分割」。

② 在「使用分隔符號」輸入「,」，再將「分割」設定為「最後」的「1」欄。藉此建立沒有「,」的地方政府與在「,」後面加上地方政府名稱的欄位。

③ 點選「確定」關閉視窗。

④ 參考左側表格建立長條圖。

欄	總和（Trade Price）
列	Municipality－分割1
其他	遞減方式排序

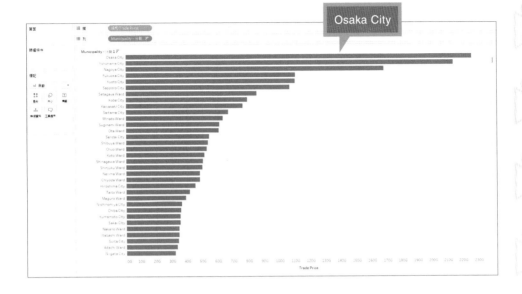

Point 整理資料來源的方法

讓我們一邊整理連線的資料來源，一邊進行分析。在「資料」窗格的資料來源名稱按下滑鼠右鍵，再點選「重新命名」，就能調整資料來源的名稱。在資料來源的名稱按下滑鼠右鍵再點選「關閉」。就能斷開與資料來源的連線。這類操作很適合在與多個資料來源連線的時候使用。

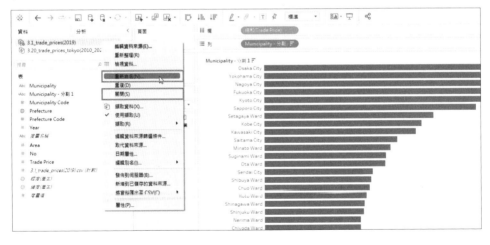

幸福度超越日本的國家是？

Data \Chap03\3.2_world_happiness(2015_2020)之內的6個csv檔案

Technique
☑ 萬用字元聯集　　　　　　☑ 自訂分割
☑ 欄位的邊界　　　　　　　☑ 編輯軸

題目

取得多種資料之後，就算資料的格式相同，欄位名稱也不一定相同。

目前我們手上有 2015 至 2020 年的資料，這些資料都有國名與幸福度這兩欄資料。檔案總共有六個，每個檔案裡面都是單一年度的資料，但是欄位名稱不盡相同。這次的問題是，若從這 6 個資料來看，在 2020 年發表的 GDP 前十名的國家之中，哪個國家的幸福度超越日本？

※GDP 前十名的國家：United States, China, Japan, Germany, India, France, United Kingdom,Italy, Brazil, Canada

解答　　　正確解答為 Italy。

① 先將分成 6 個檔案的資料合併為單一資料。先與「2015.csv」連線。

② 在畫布的「2015.csv」按下滑鼠右鍵，再點選「轉換為聯集」。

③ 點選「萬用字元（自動）」頁籤，再點選「確定」關閉視窗。

④ 接著要將不同的國名整理成一個欄位。按住「Ctrl」鍵點選代表國名的 3 個欄位（Country、Country or region、Country name），再於選取的欄位按下滑鼠右鍵，點選「合併不符合的欄位」。

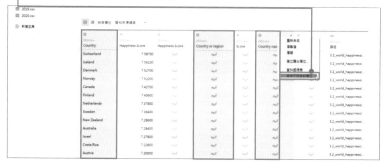

⑤ 按住「Ctrl」鍵，點選代表幸福度的 4 個欄位（Happiness Score、Happiness. Score、Score、Ladder score），再於選取的欄位按下滑鼠右鍵，點選「合併不符合的欄位」。

⑥ 接著要從「路徑」篩選年。在「路徑」的欄位名稱按下滑鼠右鍵，再點選「自訂分割」。

⑦ 在「使用分隔符號」輸入「/」，再設定「最後」的「1」欄。點選「確定」關閉視窗。

⑧ 在「路徑－分割 1」，點選「自訂分割」。

⑨ 在「使用分隔符號」輸入「.」，再設定「第一個」的「1」欄。點選「確定」關閉視窗。

⑩ 點選「路徑 分割 1－分割 1」的資料類型圖示，再點選「日期」。

⑪ 在各欄位名稱按下滑鼠右鍵後，點選「重新命名」，將最左側的國名欄位命名為「國家」，再將幸福度的欄位名稱命名為「幸福度」，最後將步驟⑩的欄位（資料類型變更為「日期」的欄位）更名為「年」。

篩選條件	國家 ※選擇GDP前十名的國家
欄	年（年）
列	平均值（幸福度）
「標記」卡的「色彩」	國家
「標記」卡的「標籤」	國家

⑫ 參考左側表格繪製圖表。

⑬ 在直軸按下滑鼠右鍵，點選「編輯軸」。

⑭ 取消「包括零」選項，再點選「×」關閉視窗。

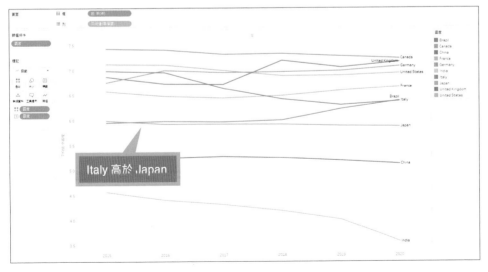

如何找出評價比例較高的動漫？

Data

\Chap03\3.3_anime\3.3_anime_rating.csv
\Chap03\3.3_anime\3.3_anime_listings.csv

Technique

☑ 非彙總的計算　　　　　☑ 快速表計算與指定
☑ 別名　　　　　　　　　☑ 在視圖排序

題目

我們常常需要進行這筆交易是否能創造利潤，或是目標值是否達成分析，也常需要分析符合條件的部分佔整體的比例。

這次要探討的問題是，在動漫收視資料「3.3_anime_rating.csv」之中，Rating（評論）比例最高的 Name（動漫名稱）的 Type（提供方式）是哪一種？假設沒有評論的話，Rating 的值為 -1，如果有評論的話，該值會介於 1 ～ 10 之間。此外，Type 的內容則已儲存為動漫一覽資訊「3.3_anime_listings.csv」。

解答　　正確解答為 TV。

1️⃣ 第一步要先合併兩筆資料。與「3.3_anime_rating.csv」連線。

2️⃣ 從左側窗格將「3.3_name_listings.csv」拖放至畫布。

3️⃣ 確認兩筆資料是透過「Anime_Id」建立關係。

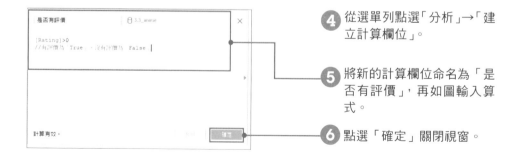

4️⃣ 從選單列點選「分析」→「建立計算欄位」。

5️⃣ 將新的計算欄位命名為「是否有評價」，再如圖輸入算式。

6️⃣ 點選「確定」關閉視窗。

⑦ 在「資料」窗格的「是否有評價」按下滑鼠右鍵，再點選「別名」。

⑧ 如圖輸入別名。

⑨ 點選「確定」關閉視窗。

⑩ 接著要繪製代表比例的 100% 帶狀圖。請參考下列表格建立視圖。

欄	計數（3.3_name_rating.csv）
列	Type
「標記」卡的「色彩」	是否有評價

⑪ 在「欄」的「計數（3.3_anime_rating.csv）」按下滑鼠右鍵，再點選「快速表計算」→「合計百分比」。

⑫ 在「欄」的「計數（3.3_anime_rating.csv）」按下滑鼠右鍵，再點選「計算依據」→「表（橫向）」。

⑬ 在視圖點選「有評價」的橘色長條。

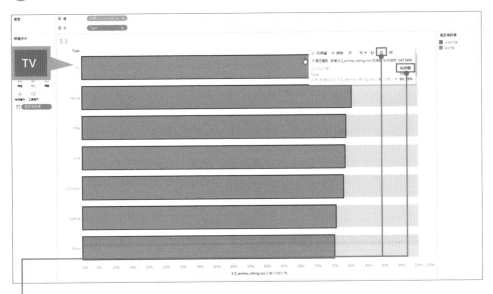

⑭ 在工具提示點選「有評價」，再點選遞減方式排序的按鈕。

PCR 民營檢驗機構 佔陽性者的比例是？

Data	\Chap03\3.4_pcr_case_daily.csv
Technique	☑ 資料透視表 ☑ 快速表計算與指定

題目

比較數值或是計算比例都是很常見的分析。

這次要根據各 COVID-19 的 PCR 檢測機關的陽性者數資料，了解民營檢驗機構比地方衛生研究所、保健所測到更多陽性者的日子，以及當天民營檢驗機構所佔的陽性者比例是多少？

解答　正確解答為 2020 年 5 月 7 日、40.08%。

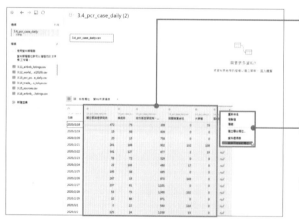

① 先將資料從水平格式整理成垂直格式。按住「Shift」鍵在資料來源頁面點選「日期」以外的 6 個欄位。

② 在選取多個欄位的狀態下，按下滑鼠右鍵，點選「資料透視表」。

③ 變更欄位名稱。將「資料透視表欄位名稱」變更為「檢驗機構」，再將「資料透視表欄位值」變更為「陽性者數」。

欄	天（日期）
列	總和（陽性者數）
「標記」卡的「色彩」	檢驗機構

④ 參考左側表格建立視圖。

⑤ 從「資料」窗格中，將「日期」拖放至「篩選條件」功能區。

⑥ 選擇「日期範圍」，再點選「下一步」。

⑦ 接著一邊調整滑桿，一邊點選「套用」，確認圖表，找出民間檢驗機構的數據高於地方衛生研究所、保健所的時期，在 2020 年 5 月 1 日～ 2020 年 5 月 31 日套用篩選條件。

⑧ 點選「確定」關閉視窗。

⑨ 接著要在圖表下方顯示比例。將「資料」窗格的「陽性者數」拖放至「列」。

⑩ 在「列」的右側的「總和（陽性者數）」按下滑鼠右鍵，點選「快速表計算」→「合計百分比」。

⑪ 在「列」的右側的「總和（陽性者數）」按下滑鼠右鍵，點選「計算依據」→「檢驗機構」。

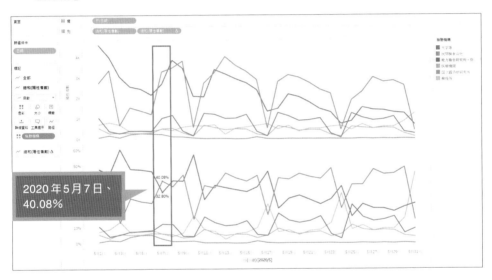

Point 點選資料後，顯示該資料的標籤

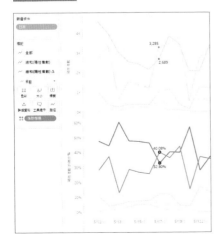

如果能夠在點選資料之後，只顯示該資料的標籤，整個版面會變得簡潔許多。請點選「標記」卡的「標籤」，再勾選「顯示標記標籤」，然後點選「已醒目提示」，再試著點選視圖的標記吧。

有哪些國家的人民
曾因海嘯而罹難？

Data

\Chap03\3.5_tsunami\3.5_waves.csv
\Chap03\3.5_tsunami\3.5_sources.csv

Technique

☑ 關聯
☑ 篩選條件

題目

在處理多筆資料的時候，各資料的每一列的粒度有多大？串連多筆資料的關鍵欄位是哪一個？關鍵欄位能否以「1：1」的方式對應？讓我們一起了解這些部分。

「3.5_waves.csv」是海嘯相關資料，「3.5_sources.csv」是海嘯源頭資料，這兩筆資料是以 Source Id（海嘯源頭 ID）建立關係。自西元 2000 年之後，有哪些 Country（國家）曾因海嘯而出現 Fatalities（死者）呢？

解答　正確解答為 INDONESIA、JAPAN、SAMOA。

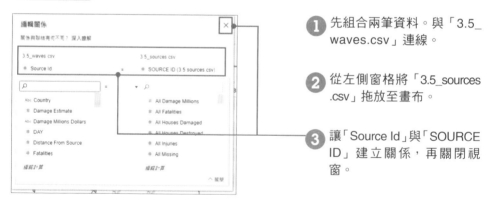

❶ 先組合兩筆資料。與「3.5_waves.csv」連線。

❷ 從左側窗格將「3.5_sources.csv」拖放至畫布。

❸ 讓「Source Id」與「SOURCE ID」建立關係，再關閉視窗。

欄	相異計數（Country）
列	Source id

❹ 從「3.5_waves.csv」的資料可知道，每個 Source Id 有代表受到海嘯摧殘的 Country 的數量。請參考左側表格建立圖表。

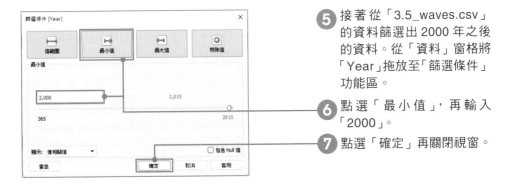

5 接著 從「3.5_waves.csv」的資料篩選出 2000 年之後的資料。從「資料」窗格將「Year」拖放至「篩選條件」功能區。

6 點選「最小值」，再輸入「2000」。

7 點選「確定」再關閉視窗。

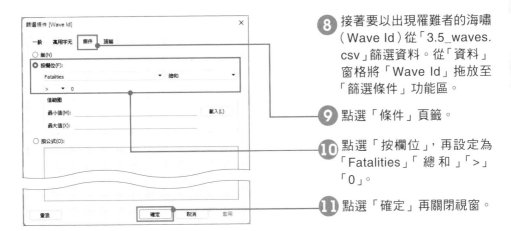

8 接著要以出現罹難者的海嘯（Wave Id）從「3.5_waves.csv」篩選資料。從「資料」窗格將「Wave Id」拖放至「篩選條件」功能區。

9 點選「條件」頁籤。

10 點選「按欄位」，再設定為「Fatalities」「總和」「>」「0」。

11 點選「確定」再關閉視窗。

12 接著要顯示曾發生海嘯的國家。從「3.5_sources.csv」的資料的「資料」窗格，將「COUNTRY」（3.5_sources.csv）」拖放至「列」的最左側。

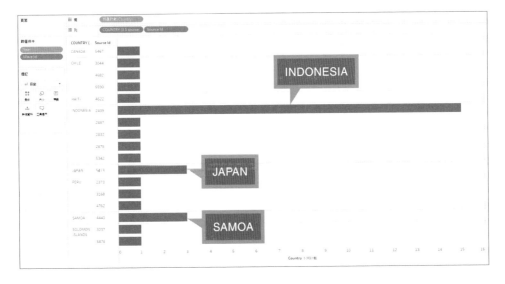

一個資料有，而另一個資料沒有的值，該怎麼處理？

Section 3.6 Tableau

Data
\Chap03\3.6_world_happiness(2018_2019)\3.6_2018.csv
\Chap03\3.6_world_happiness(2018_2019)\3.6_2019.csv

Technique
☑ 合併（左側合併）
☑ 利用 NULL 篩選

題目

Tableau 除了可將資料整理成圖表以及進行視覺化分析之外，還可以分享每日報表、匯出資料，用途可說是非常廣泛。在此讓我們試著利用 Tableau 找出多筆資料之間的差異。

這次要問的是，在世界幸福度報告資料之中，在 2018 年被視為調查對象，但在 2019 年被排除在調查對象之外的 Country or region（國家或區域）是哪裡？

解答 正確解答為 Angola、Belize、Macedonia、Sudan。

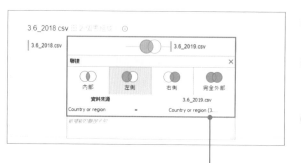

❶ 首先合併兩筆資料。先與「3.6_2018.csv」連線。

❷ 在畫布的「3.6_2018.csv」按下滑鼠右鍵，再點選「開啟」。

❸ 從左側窗格將「3.6_2019.csv」拖放至畫布。

❹ 點選連接這兩筆資料的對話框（文氏圖的圖示），再如圖以「Country or region」進行左側合併。

❺ 接著要顯示 2018 年有，2019 年沒有的 Country or region。請參考下列表格建立視圖。

列	Country or region、Country or region (3.6_2019.csv)
篩選條件	Country or region (3.6_2019.csv) ※只選擇「NULL」

```
Angola
Belize
Macedonia
Sudan
```

Point 另一種解法

剛剛利用合併的方式示範了操作步驟較少的解法,但其實也能利用關係、聯集、
混合這類功能建立相同的表格,顯示兩筆資料的差異之處。有機會的話,請大家
務必挑戰看看,在此要示範的是篩選思維有所不同的聯集。

1 第一步要先讓兩筆資料成為聯集。先與「3.6_2018.csv」連線。

2 在畫布的「3.6_2018.csv」按下滑鼠右鍵,再點選「轉換為聯集」。

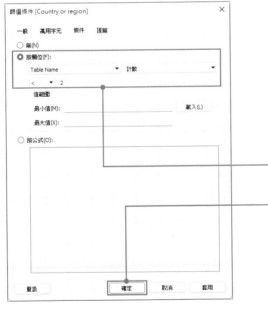

3 將「3.6_2019.csv」拖放至「聯集」對話框。

4 點選「確定」關閉視窗。

5 將「資料」窗格的「Country or region」拖放至「列」。

6 將「資料」窗格的「Country or region」拖放至「篩選條件」。

7 如圖指定條件,找出資料不足兩年的國家。

8 點選「確定」關閉視窗。

9 將「資料」窗格的「Table name」拖放至「篩選條件」功能區。

10 勾選「3.6_2018.csv」。

11 點選「確定」關閉畫面。

算出需要的值

131

佔成交金額為前 10,000 名最高比例的市區町村是哪裡？

Data　\Chap03\3.7_trade_prices(2020).csv

Technique
☑ 度量與維度　　　　　　☑ 快速表計算與指定
☑ 集合　　　　　　　　　☑ 排序視圖裡的堆疊長條圖

題目

常言道，80% 的元素由 20% 的元素決定，例如幾筆大生意往往決定了銷售額的好壞，或是少部分的優良顧客貢獻了大部分的銷售數量。

這次要問的是，從 2020 年東京都不動產交易資料來看，在東京成交價格（總額）前 10000 名之中，佔比最高的市區町村是哪裡呢？

解答　　正確解答為千代田區。

① 先將「No」轉換成維度。將「資料」窗格的「No」從度量拖放至維度。

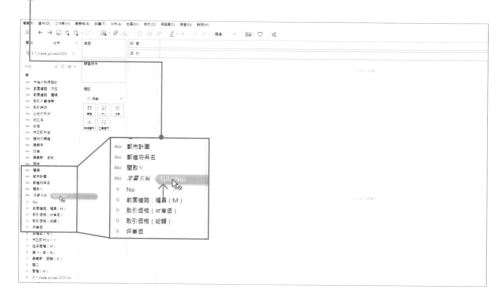

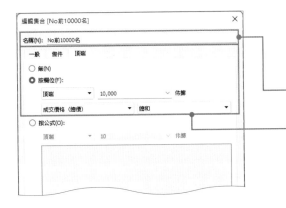

② 接著要建立不動產交易金額前10000 名的集合。在「資料」窗格的「No」按下滑鼠右鍵,再點選「建立」→「集合」。

③ 將集合命名為「No前10000名」。

④ 在「頂端」頁籤點選「按欄位」,再設定「頂端」、「10000」、「成交價格(總價)與「總和」。

⑤ 點選「確定」關閉視窗。

⑥ 參考左側表格繪製圖表。

欄	總和(成交價格(總價))
列	市區町村名
「標記」卡的「色彩」	內/外(No前10000名)

⑦ 接著將成交價格的大小轉換成比例。在「欄」的「總和(成交價格(總價))」按下滑鼠右鍵,點選「快速表計算」→「合計百分比」。

⑧ 接著在「欄」的「總和(成交價格(總價))」按下滑鼠右鍵,再點選「計算依據」→「表(橫向)」。

⑨ 在視圖點選代表「內」的藍色長條。

⑩ 在工具提示點選「內」,然後直接於工具提示點選 ▦ 以遞減方式排序。

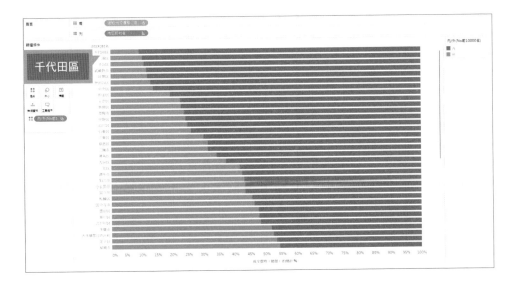

算出需要的值

GDP 與幸福度成正比的地區群組是哪裡？

Section 3.8 Tableau

Data \Chap03\3.8_world_happiness(2020).csv

Technique
☑ 群組
☑ 趨勢線與趨勢線的解讀方法

題目

在欄位值較多的時候，將部分的欄位值分類為群組，有時可判讀這些欄位值的趨勢。

這次要利用2020年的世界幸福度報告資料將原本分成10個的Regional indicator（區域）分成「Asia」「America」「Europe」「Africa」這四個區域以及其他區域，透過這五個區域群組了解幸福度的趨勢。利用各國Country name的散布圖呈現各區域群組的Ladder score（幸福度）與Explained by：Log GDP per capita（人均GDP）之後，最能透過趨勢線（直線）說明的區域群組是哪一個呢？

解答 正確解答為歐洲。

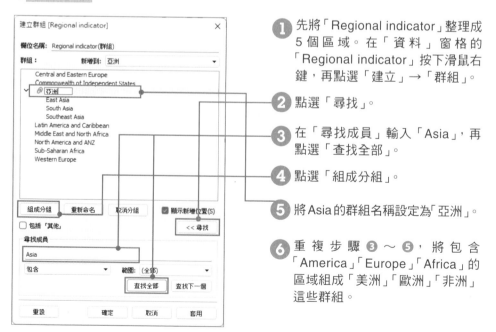

① 先將「Regional indicator」整理成5個區域。在「資料」窗格的「Regional indicator」按下滑鼠右鍵，再點選「建立」→「群組」。

② 點選「尋找」。

③ 在「尋找成員」輸入「Asia」，再點選「查找全部」。

④ 點選「組成分組」。

⑤ 將Asia的群組名稱設定為「亞洲」。

⑥ 重複步驟 ③ ~ ⑤，將包含「America」「Europe」「Africa」的區域組成「美洲」「歐洲」「非洲」這些群組。

7️⃣ 勾選「包括『其他』」，再點選「其他」的群組名稱。

8️⃣ 點選「重新命名」再輸入「獨立國家共同體」。

9️⃣ 點選「確定」關閉視窗。

🔟 接著要繪製散布圖與趨勢線。請參考下方表格繪製視圖。

欄	Regional indicator（群組）
	平均值（Explained by：Log GDP per capita）
列	平均值（Ladder score）
「標記」卡的「詳細資料」	Country name
「標記」類型	圓

⓫ 從「分析」窗格將「趨勢線」拖至視圖，再放在「線性」。

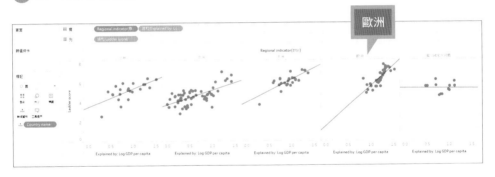

Point　R 平方值與 P 值

趨勢線是否能充份説明資料，可將滑鼠移至趨勢線，從 R 平方值與 P 值判斷。R 平方值代表的是資料與直線的契合度，值越大代表資料與直線越契合。P 值則是説明這條趨勢線是偶然，還是值得信賴的標準，值越小代表越值得信賴，如果是 5% 或是 1%，就代表值得信賴。從圖中可以發現，歐洲的 P 值較低，R 平方值則最高。

GDP、壽命、都市化程度都在前 5 名的國家是哪裡？

Data

\Chap03\3.9_world\3.9_gdp_per_capita.csv
\Chap03\3.9_world\3.9_life_expectancy.csv
\Chap03\3.9_world\3.9_rbanization_rate.csv

Technique

☑ 合併（內部合併）　　　　　　☑ 合併群組
☑ 群組

題目

這次要找出符合多個條件的值。

目前手上有的資料是 2002 年各國人均 GDP 的資料「3.9_gdp_per_capita.csv」與平均壽資料「3.9_life_expectancy.csv」與都市化程度資料「3.9_urbanization_rate.csv」。這次要問的是，在 GDP per capita（人均 GDP）、Life expectancy（平均壽命）、Urbanization rate（都市化程度）都位於前 5 名的國家是哪裡？

解答　　正確解答為 Singapore。

① 首先要合併這三筆資料。先與「3.9_gdp_per_capita.csv」連線。在畫布的「3.9_gdp_per_capita.csv」按下滑鼠右鍵，再點選「開啟」。

② 從左側窗格將「3.9_life_expectancy.csv 」與「3.9_urbanization_rate.csv」拖放至視圖。

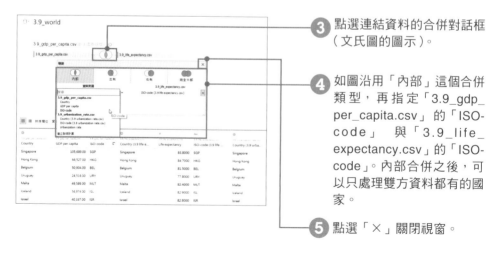

③ 點選連結資料的合併對話框（文氏圖的圖示）。

④ 如圖沿用「內部」這個合併類型，再指定「3.9_gdp_per_capita.csv」的「ISO-code」 與「3.9_life_expectancy.csv」的「ISO-code」。內部合併之後，可以只處理雙方資料都有的國家。

⑤ 點選「×」關閉視窗。

6 依照步驟❹的方法，保留「內部」合併類型，再點選「3.9_gdp_per_capita.cv」的「ISO-Code」與「3.9_urbanization_rate.csv」的「ISO-Code」。

7 點選「✕」關閉視窗。

8 參考下列表格繪製長條圖。

欄	總和（GDP per capita）、總和（Life expectancy）、總和（Urbanization rate）
列	Country
其他	遞減方式排序🔳

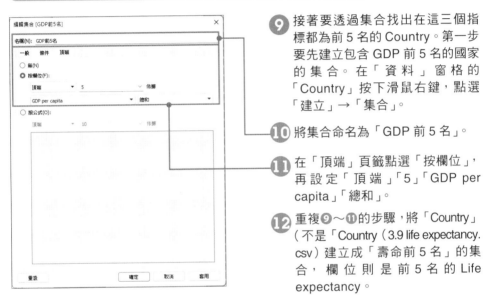

9 接著要透過集合找出在這三個指標都為前 5 名的 Country。第一步要先建立包含 GDP 前 5 名的國家的集合。在「資料」窗格的「Country」按下滑鼠右鍵，點選「建立」→「集合」。

10 將集合命名為「GDP 前 5 名」。

11 在「頂端」頁籤點選「按欄位」，再設定「頂端」「5」「GDP per capita」「總和」。

12 重複❾～⓫的步驟，將「Country」（不是「Country（3.9 life expectancy. csv）建立成「壽命前 5 名」的集合，欄位則是前 5 名的 Life expectancy。

13 重複重複 ❾～⓫的步驟，將「Country」（不是「Country（3.9 life expectancy. csv）建立成「都市化前 5 名」的集合，欄位則是前 5 名的 Urbanization rate。

14 接著要合併這三個集合。在「資料」窗格按住「Ctrl」鍵，點選「GDP 前 5 名」與「壽命前 5 名」。

15 再於選取的欄位按下滑鼠右鍵，點選「建立合併集合」。

137

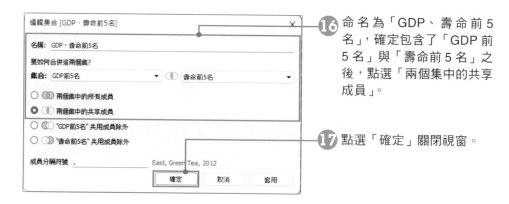

⑯ 命名為「GDP、壽命前5名」，確定包含了「GDP前5名」與「壽命前5名」之後，點選「兩個集中的共享成員」。

⑰ 點選「確定」關閉視窗。

⑱ 接著要重複步驟⑭～⑰建立「GDP與壽命前5名」與「都市化前5名」的合併集合。在「資料」窗格點選「GDP與壽命前5名」與「都市化前5名」。

⑲ 再於選取的欄位按下滑鼠右鍵，點選「建立合併集合」。

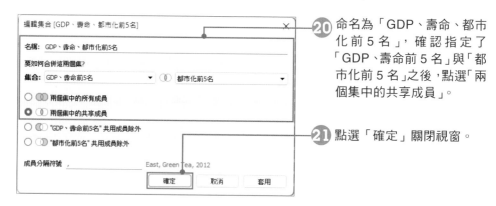

⑳ 命名為「GDP、壽命、都市化前5名」，確認指定了「GDP、壽命前5名」與「都市化前5名」之後，點選「兩個集中的共享成員」。

㉑ 點選「確定」關閉視窗。

㉒ 將「資料」窗格的「GDP、壽命、都市化前5名」拖放至「列」的最左側，就會發現符合這三個集合的「內」只有「Singapore」。

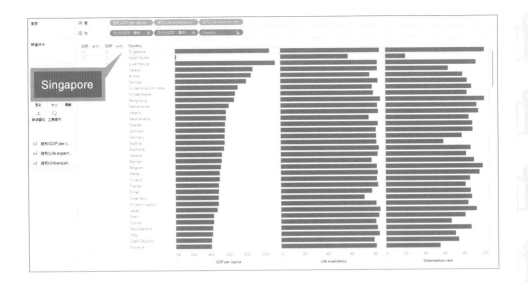

Point 利用 ID 串連多筆資料

在步驟❹與❻串連三筆資料的時候，指定了 ISO-Code 而不是 Country。在串連多筆資料的時候，建議不要使用名稱，而是使用代碼或 ID 這類獨一無二，標記方式固定（不會同時出現大韓民國或韓國這種標記方式）的欄位。這種方式可以減少步驟，也能降低以錯誤的資料進行分析的風險。

Point 組合資料的選取基準

這個範例為了組合 3 筆資料而使用了合併功能。由於所有的資料都有想要取得的 Country，所以若透過內部合併的方式找出 Country，就能減少篩選的步驟。就算是資料量較低，可以一列合併一列的資料，也可利用合併的方式處理。由於各資料之中的 Country 都不同，所以若使用「關係」功能合併資料，視圖會顯示 NULL。此時如果先了解顯示 NULL 的理由，再篩選 NULL 的話，就能以合併集合的步驟進行操作。

我們可根據不同的資料以及用途，選擇合併、關係、聯集、混合這些方法，而這些方法各有優缺點，步驟也都不一樣。建議大家多針對不同的情況練習，讓自己學會更多種方法，懂得以最適當的方法解決問題。

在需要入院治療的患者中，重症者的比例有多高？

Data

\Chap03\3.10\covid19\3.10_cases_total.csv
\Chap03\3.10\covid19\3.10_severe_daily.csv

Technique

☑ 關係　　　　　　　　　　☑ 指定預設數值格式
☑ 算式

題目

根據兩個度量計算比例，就能透過一個度量掌握狀況。

目前手上有的資料是 COVID-19 需入院治療者單日數量資料「cases_total.csv」以及重症者單日資料「severe_daily.csv」。這次要問的是，需要入院治療者最多的一天裡，重症者佔需要入院治療者的比例有多高？

解答　　正確解答為 1.67%。

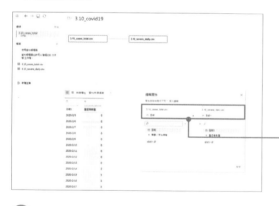

1️⃣ 先合併兩筆資料。先與「3.10_cases_total.csv」連線。

2️⃣ 從左側的窗格將「3.10_severe_daily.csv」拖放至畫布。

3️⃣ 參考左圖，以「日期」串連資料再關閉視窗。

4️⃣ 參考下列表格繪製視圖。

欄	天（日期）
列	總和（需要入院治療者）
篩選	日期 ※選擇「日期範圍」。按下滑鼠右鍵，點選「顯示篩選條件」，在視圖顯示篩選條件

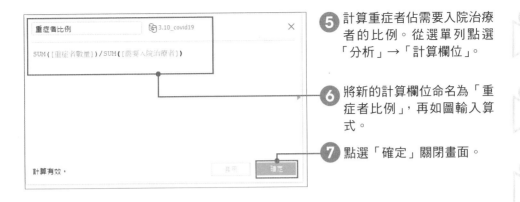

⑤ 計算重症者佔需要入院治療者的比例。從選單列點選「分析」→「計算欄位」。

⑥ 將新的計算欄位命名為「重症者比例」，再如圖輸入算式。

⑦ 點選「確定」關閉畫面。

⑧ 接著要讓重症者比例轉換成百分比格式。在「資料」窗格的「重症者比例」按下滑鼠右鍵，再點選「預設屬性」→「數字格式」。

⑨ 點選「百分比」。

⑩ 點選「確定」關閉視窗。

⑪ 將「資料」窗格的「重症者比例」拖放至「列」。

⑫ 調整篩選條件的滑桿，找出需要入院治療者最多的一天。

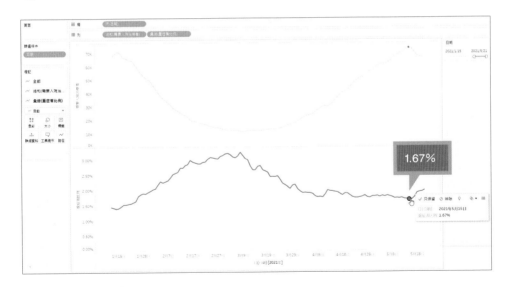

評論期間較長的房間類型是？

Data　\Chap03\3.11_airbnb_listings.csv

Technique　☑ 日期的計算

題目

時間軸分析是非常常見的分析之一。

這次要從 Airbnb 東京住宿設施資料找出在 First Review（最初評論日）到 Last Review（最終評論日）這段期間，平均期間最長的 Room Type（房間類型）。

解答　正確解答為 Private room。

① 第一步要先算出從 First Review 到 Last Review 有幾個月。從選單列點選「分析」→「建立計算欄位」。

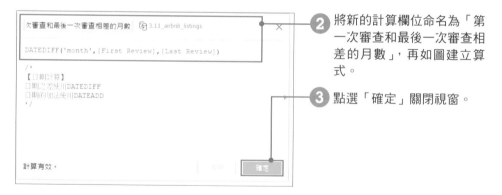

② 將新的計算欄位命名為「第一次審查和最後一次審查相差的月數」，再如圖建立算式。

③ 點選「確定」關閉視窗。

④ 參考下列表格繪製圖表。

欄	平均值（第一次審查和最後一次審查相差的月數）
列	Room Type
其他	遞減方式排序

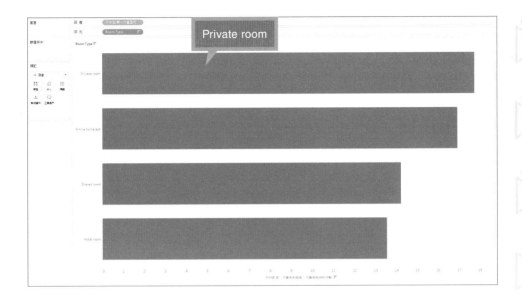

Point 在計算欄位輸入註解的方法

計算欄位可輸入與計算無關的註解。如果是單行的註解，可如 **3.3** 的「是否有評價」計算欄位，先輸入 2 個斜線（ // ），再輸入註解。如果是多行的註解，則可如本節「第一次審查和最後一次審查相差的月數」計算欄，以斜線與星號（ /**/ ）括住要轉換成註解的文字。

Point 整理「資料」窗格的欄位的方法

如果欄位太多時，可利用「資料」窗格選單整理欄位。點選「按資料夾分組」就能建立分類欄位的資料夾。此外，也可以在視圖完成之後，點選「隱藏所有未使用的欄位」，隱藏沒用到的欄位。

幸福度較高的健康壽命
落在哪個年齡層？

Data \Chap03\3.12)world_hapiness(2020).csv

Technique
☑ 資料桶
☑ 別名

題目

利用資料桶分類度量之後，若不是使用計數或該度量，而是使用其他的度量進行視覺化分析，有時候可從兩個度量的組合找到新發現。

這次要將 2020 年世界幸福度報告資料的 Healthy life expectancy（健康壽命）以每 5 歲分成一個區間，分析最高的平均值 Ladder Score（幸福度）落在幾歲到幾歲之間。

解答　正確解答為大於等於 70 歲，小於 75 歲。

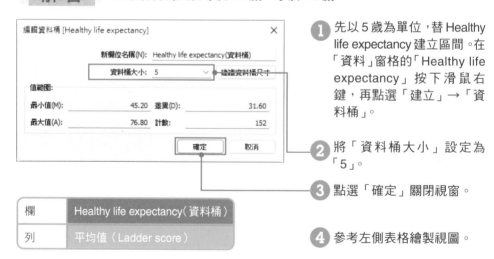

① 先以 5 歲為單位，替 Healthy life expectancy 建立區間。在「資料」窗格的「Healthy life expectancy」按下滑鼠右鍵，再點選「建立」→「資料桶」。

② 將「資料桶大小」設定為「5」。

③ 點選「確定」關閉視窗。

④ 參考左側表格繪製視圖。

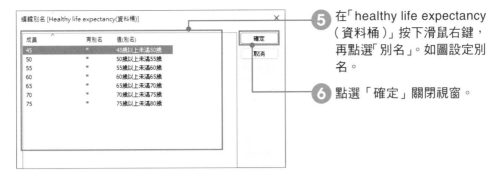

⑤ 在「healthy life expectancy（資料桶）」按下滑鼠右鍵，再點選「別名」。如圖設定別名。

⑥ 點選「確定」關閉視窗。

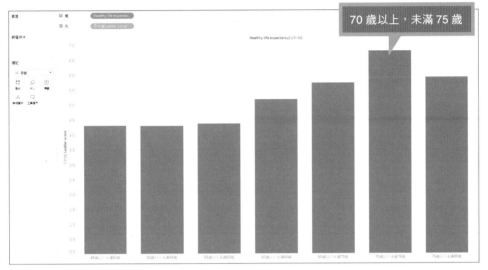

70 歲以上，未滿 75 歲

Point 顯示與操作工作表

如果增加了太多張工作表，可利用顏色整理工作表。在工作表名稱按下滑鼠右鍵，再點選「色彩」即可設定顏色。

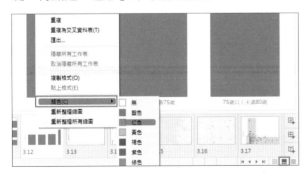

此外，工作表若以縮圖標記，也是不錯的分類方式。在工作簿右下角的狀態列點選「顯示幻燈片」，再點選工作表名稱，然後按下鍵盤的右箭頭或左箭頭，就能移動到右側或左側的工作表。

145

陽性者數量的七日移動平均值是多少？

Data　\Chap03\3.13_pcr_positive_daily.csv

Technique
☑ 快速表計算與指定
☑ 在最大值貼上標籤

題目

有時候在變動幅度較大的圖表顯示移動平均值，圖表會變得比較容易閱讀。如果有變動的週期，以該週期算出平均值，就能弭平該週期造成的變動，也比較容易掌握資料的趨勢。

COVID-19 陽性者數彙總資料有以一週為週期的增減趨勢。這次要問的是，在包含當天的 Pcr 檢查陽性者數（單日）的七日移動平均值之中，最高的 Pcr 七日移動平均值為幾人？

解答　　正確解答為 6,369 人。

欄	天（日期）
列	總和（Pcr檢查陽性者數（單日））

❶ 參考左側表格建立視圖。

❷ 接著要變更為七日移動平均值的格式。在「列」的「總和（Pcr 檢查陽性者數（單日））」按下滑鼠右鍵，再點選「快速表計算」→「移動平均」。

❸ 在「列」的「總和（Pcr 檢查陽性者數（單日））」按下滑鼠右鍵，再點選「編輯表計算」。

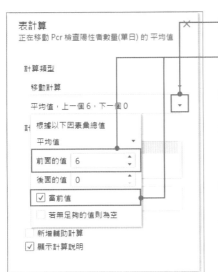

④ 點選「平均值,上一個2、下一個0」的「▼」。

⑤ 勾選「當前值」,再將「前面的值」設定為「6」。

⑥ 點選「╳」關閉視窗。

⑦ 接著要在最大值顯示標籤。按住「Ctrl」鍵,再將「列」的「總和(Pcr檢查陽性者數(單日))」拖放至「標記」卡的「標籤」。

⑧ 點選「標記」卡的「標籤」。

⑨ 點選「標籤標記」的「最小/最大」,再取消「選項」的「標籤最小值」。

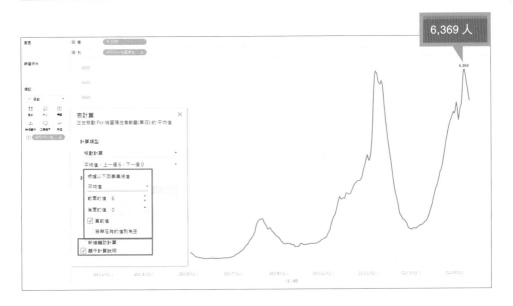

Point 如何在圖表顯示標籤?

一般來說,不會選擇在圖表顯示標籤,而是在滑鼠移入時,顯示工具提示,才比較容易掌握資料的傾向。若想顯示標籤,也不一定要替所有的值加上標籤,可以點選「標記」卡的「標籤」,再從「標籤標記」之後,選擇「全部」以外的選項。折線圖通常是最適合只顯示最新值的圖表。

Section 3.14 Tableau

年度平方公尺
平均金額的範圍是多少？

Data \Chap03\3.14_trade_prices_tokyo.csv

Technique
☑ 非彙總的算式
☑ 表計算

題目

若能熟悉根據視圖彙總結果進行計算的「表計算」，就能算出更多需要的結果。

利用東京都不動產交易資料，針對各筆交易計算以 Trade Price（成交金額）與 Area（面積）計算每平方公尺的金額時，在各 Year（年）平均值之中，最小與最大的每平方公尺的金額有多少差距呢？

解答

正確解答為 212,056 元。

① 先計算每平方公尺的成交金額。從選單列點選「分析」→「建立計算欄位」。

② 將新的計算欄位命名為「每平方公尺的金額」，再如圖輸入算式。

③ 點選「確定」關閉視窗。

欄	Year
列	平均值（每平方公尺的金額）

④ 參考左側表格繪製圖表。

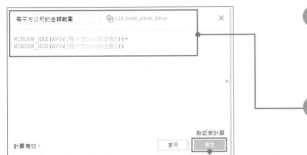

5 接著要計算在各年度每平方公尺平均成交金額之中，最小值與最大值的差距。從選單列點選「分析」→「建立計算欄位」。

6 將新的計算欄位命名為「每平方公尺的金額範圍」，再如圖輸入算式。

7 點選「確定」關閉視窗。

8 接著要在視圖顯示計算結果。從「資料」窗格將「每平方公尺的金額範圍」拖放至「列」。範例為了讓正確解答更容易閱讀，特別在視圖顯示了線，但是將「每平方公尺的金額範圍」改成拖放至「標記」卡的「工具提示」，就能在滑鼠移入標記的時候顯示工具提示，也一樣能突顯正確解答。

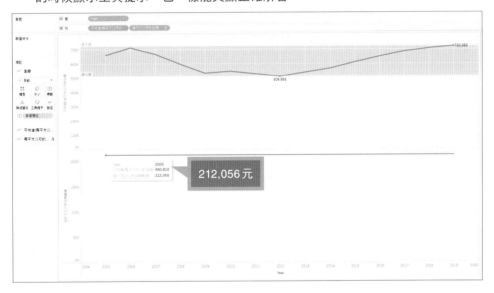

Point 顯示最小值、最大值的區間與標籤

上圖以「參考區間」顯示了最小值～最大值的範圍，也以標籤顯示了最小值與最大值的數字。

要利用顏色標註最小值與最大值的幅度時，可將「分析」窗格的「參考區間」拖至視圖，再放在「平均值（每平方公尺的金額）」的「表」。此外，若想在視圖顯示最小值與最大值的數字，可在位於「標記」卡上方的「平均值（每平方公尺的金額）點選「標籤」，再勾選「顯示標記標籤」，然後在「標籤標記」點選「最小／最大」。

Section 3.15 Tableau

海嘯的兩點震源之間的距離有多遠？

Data \Chap03\3.15_sources.csv

Technique
☑ 在地圖上搜尋
☑ 操作地圖

題目

Tableau 可隨手在地圖配置資料，所以讓我們一起熟悉地圖的操作吧。

目前手上有引起海嘯的震源地點資料。這次要問的是，在東京都內發生的兩個地震的 Source id（震源地點）之間的距離有幾公里呢？

解答 正確解答為 11 公里。

1 參考下列表格在地圖配置震源地點。

欄	平均值（Longitude）
列	平均值（Latitude）
「標記」卡的「詳細資料」	Source Id
「標記」卡的「色彩」	總和（Primary Magnitude）※只用於變更顏色，與正確解答沒有關聯。

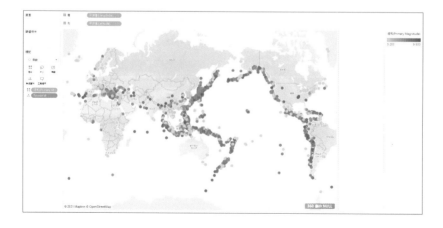

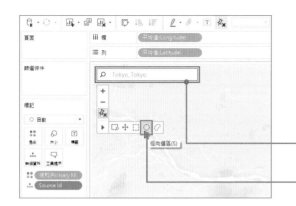

②縮放至東京,再將滑鼠游標移動到視圖的左上角,顯示搜尋圖示。

③點選搜尋圖示。

④輸入「東京都」再點選「Enter」鍵。

⑤接著要測量兩點之間的距離。在視圖工具列點選「徑向選區」。

⑥以其中一點為圓心,繪製圓形,再確認距離。

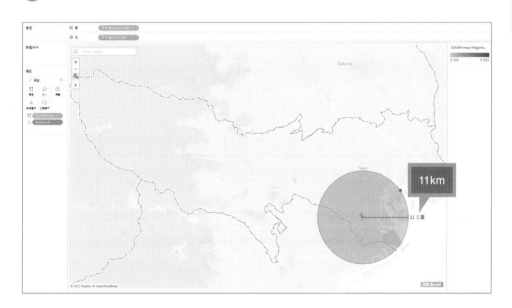

Point 地理角色與資料類型的自動設定

本題會在與資料連線時,對「Latitude」(經度)與「Longitude」(緯度)指定地理角色。如果地理角色的欄位名稱為英語,就會自動根據欄位名稱設定地理角色。「Country」會自動轉變成國家或區域。

就算是中文的欄位,也會根據資料的內容自動判斷欄位的資料類型,所以代表日期的欄位會自動設定為日期類型,文字的欄位會自動設定為字串類型。

距離井之頭公園最近的
住宿設施的收費是多少？

Data \Chap03\3.16_airbnb_summary_listings.csv

Technique ☑ 在地圖上搜尋　　　　　　☑ 背景地圖層
☑ 操作地圖

題目

若要利用地圖進行視覺化分析，就少不了在地圖配置點。

目前手上有 Airbnb 的各 Id（住宿設施）的資料。請問離三鷹市井之頭公園最近的 Id 的平均 Price（金額）是多少？

解答　　正確解答為 4,200 元。

欄	平均值（Longitude）
列	平均值（Latitude）
「標記」卡的「詳細資料」	Id
「標記」卡的「工具提示」	平均值（Price）

❶ 參考左側表格在地圖配置 Id。

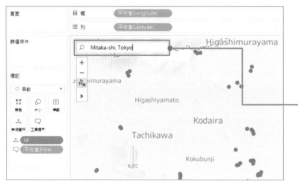

❷ 將地圖縮放至三鷹市。將滑鼠游標移動到視圖左上角，顯示搜尋圖示。

❸ 點選搜尋圖示。

❹ 輸入「Mitaka-shi, Tokyo」再按下「Enter」鍵。

⑤ 為了方便辨識井之頭公園的所在位置，要變更背景的地圖資訊。請從選單列點選「地圖」→「背景層」。

⑥ 勾選「背景地圖層」的「群／縣名稱」與「景點」。

⑦ 可利用滑鼠的滾輪縮放地圖，也能點選視圖工具列的加號縮放地圖，就能找到地圖裡的「三鷹市」。點選視圖工具列的「平移」還能移動地圖。

⑧ 縮放至三鷹市之後，就能在地圖上面看到「井之頭公園」（Inokashira Park）。將滑鼠游標移動到距離井之頭公園最近的住宿設施，就會以工具提示的方式顯示金額。

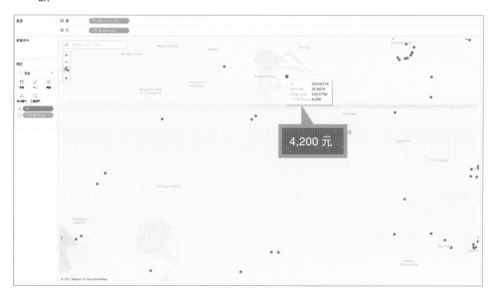

Point 顯示日本的地圖

要顯示地圖時，可從透過網路顯示的背景地圖，以及透過 Tableau 在地圖配置點這兩個部分思考。背景地圖就是由提供地圖資訊的 Mapbox 公司所提供的地圖，這部分可在地圖左下角的位置看到。Mapbox 公司在日本與 zenrin 公司合作之後，只要縮放地圖就能看到道路名稱、店舖資訊這類高精準度的地圖資訊。

若要在地圖配置點，通常會對欄位指定地理角色。如果是日本的地理欄位，可對都道府縣、市區町村、郵遞區號這三個欄位指定地理角色，而且就算沒有緯度與經度也能在地圖配置點，因為 Tableau 已內建了緯度與經度的資料。

除了上述的地理欄位之外，只要具有緯度與經度，就能在地圖上的任何位置配置點，此時也要替緯度與經度指定地理角色。

常用漢字數與筆畫數的標準差
高於 1 的部首是什麼？

Data　　\Chap03\3.17_joyo_kanji.csv

Technique　　☑ 分布區間（標準差）

題目

讓我們利用說明資料分布程度的統計指標「標準差」，找出母體集團之中的極端值。

要從常用漢字資料分析各 Radical（部首）的常用漢字數與平均 Strokes（筆畫數）的關係時，雙方的標準差高於 1 的 Radical 是哪一個？

解答　　正確解答為金、言。

① 參考下列表格繪製散布圖。

欄	計數（3.17_joyo_kanji.csv）
列	平均值（Strokes）
「標記」卡的「標籤」	Radical

② 從「分析」窗格將「分布區間」拖至視圖，再放在「表」的「計數（3.17_joyo_kanji.csv）」。

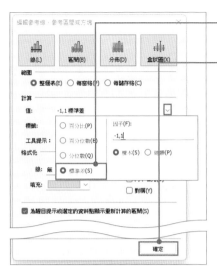

③ 從「值」的下拉清單點選「標準差」。

④ 點選「確定」關閉視窗。

⑤ 從「分析」窗格將「分布區間」拖至視圖，再放在「表」的「平均值（Strokes）」。

⑥ 重複③與④的步驟，就會發現部首為金與言的常用漢字，在字數與平均筆畫數都比較多。

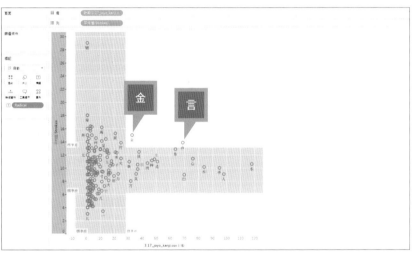

Point 刪除利用「分析」窗格顯示的線與分布區間的方法

要刪除標準差的分布區間可將分布區間拖出視圖。「分析」窗格的線、區間或盒狀圖都可利用同樣的操作刪除。

此外，在軸按下滑鼠右鍵，點選「移除參考線」也能刪除這些參考線。

Section
3.18
Tableau

8 季之後的預測金額為多少？

Data \Chap03\3.18_trade_prices_tokyo.csv

Technique ☑ 建立日期欄位
☑ 預測與編輯預測

題目

Tableau 可透過拖放的方式預測未來的值。能以簡單的操作掌握大致的預估值，以備將來不時之需。

這次要根據包含 2019 年第 3 季東京都不動產交易資料預測 2021 年第 2 季的 Trade Price（成交金額）的平均值。日期的部分會使用 Year（年）與 Quarter（季），第 1 季設定為從 1 月開始。

解答

正確解答為 61,156,823 元。

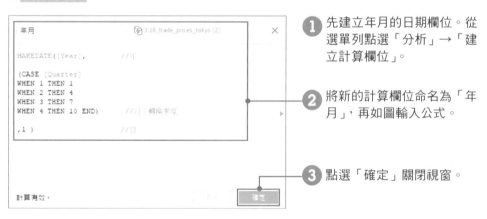

1 先建立年月的日期欄位。從選單列點選「分析」→「建立計算欄位」。

2 將新的計算欄位命名為「年月」，再如圖輸入公式。

3 點選「確定」關閉視窗。

欄	季（年月）
列	平均值（Trade Price）

4 參考左側表格繪製折線圖。

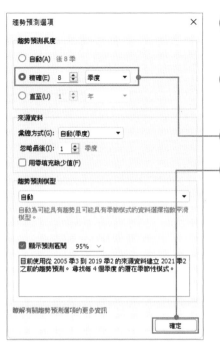

5. 顯示預測線。從「分析」窗格將「趨勢預測」拖至視圖，再放在「趨勢預測」。

6. 變更預測期間。從選單列點選「分析」→「趨勢預測」→「趨勢預測選項」。

7. 如圖將預測範圍擴張至「8 季」。

8. 點選「確定」關閉視窗。

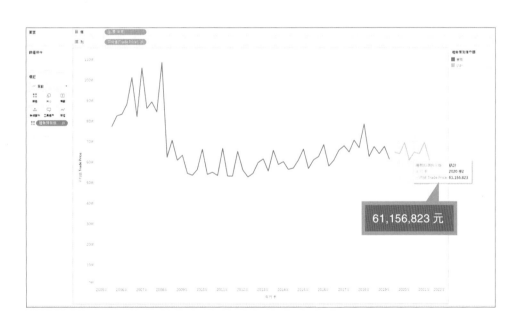

61,156,823 元

在各國幸福度之中，中央 50% 的範圍最廣的地區是哪裡？

Data \Chap03\3.19_world_hapiness(2020).csv

Technique ☑ 繪製盒狀圖與判讀盒狀圖的方法

題目

盒狀圖與直方圖，都是非常適合掌握欄位值分布情況的圖表。

這次要根據 2020 年世界幸福度報告資料的 Regional indicator（區域）以及 Country name（國家）確認 Ladder score（幸福度）的分布情況。在位於中央 50% 的 Country name 之中，Ladder socre 的分布最廣的 Regional indicator 是哪裡呢？

解答 正確解答為 Middle East 與 North Africa。

1 根據下列表格繪製圖表。

欄	總和（Ladder socre）
列	Regional indicator
「標記」卡的「詳細資料」	Country name
「標記」的樣式	圓

2 為了能看到所有的標記，要調整橫軸的範圍。在橫軸按下滑鼠右鍵，點選「編輯軸」。

3 取消「包括零」，再點選「✕」關閉視窗。

4 從「分析」窗格將「匯總」的「盒狀圖」拖至視圖，再放在「儲存格」。

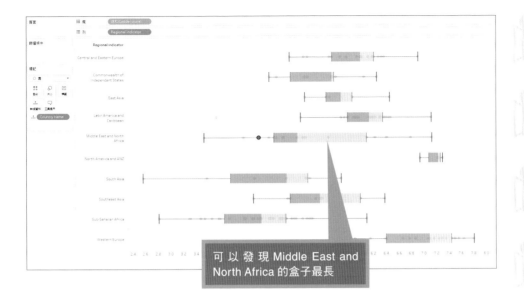

可以發現 Middle East and North Africa 的盒子最長

Point 盒狀圖的判讀方法

在盒狀圖的盒子之中，含有所有資料的 50%。當標記由小至大排列時，盒子的左側為落在 25% 位置的標記，盒子之中變色的部分為 50%（中位數），盒子右側為落在 75% 位置的標記。往盒子左右兩側延伸的盒鬚包含落在盒子的兩端到盒鬚延伸 1.5 倍長位置，最外側的標記。落在盒鬚之外的值則可解釋為極端值。

Point 確認原始資料的方法

可在視圖確認標記的原始資料。點選標記，再從工具提示點選「檢視資料」圖示，即可確認標記的原始資料。

平均成交價較高的市區町村與箇中理由

Data　\Chap03\3.20\trade_prices_tokyo(2010_2020).csv

Technique
☑ 盒狀圖
☑ 資料詮釋

題目

在視覺化分析的時候，若是發現位於資料區塊之外非常遠的標記，通常會透過業務知識、分析經驗或甚至是直覺建立假説，以及繼續分析。讓我們利用「Explain Data」這項説明資料的功能，以視覺化手法以及文字來説明這類標記偏離資料區塊的理由。

讓我們試著從 2010 年到 2020 年東京都不動產交易資料的平均成交價格（總價）調查市區町村名的分布情況。這次要問的是，哪個市區町村離資料區塊最遠？請利用「資料説明」這項功能説明該市區町村的值如此極端的理由。

解答

正確解答為千代田區。理由就是有特別高的成交價格。

欄	平均值（成交價格（總價）
「標記」卡的「標籤」	市區町村名
「標記」類型	圓

❶ 請依照左側表格繪製圖表。

❷ 從「分析」窗格的「匯總」將「盒狀圖」拖曳至視圖，再放在「儲存格」。

❸ 接著要使用「資料詮釋」功能。點選最右側的「千代田區」。

❹ 在工具提示視窗點選「資料詮釋」圖示 ♀。

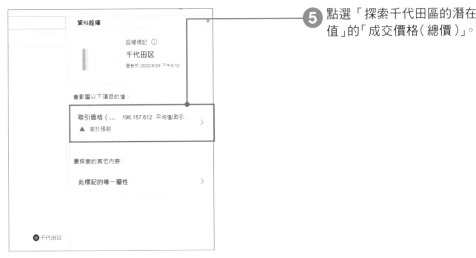

⑤ 點選「探索千代田區的潛在值」的「成交價格(總價)」。

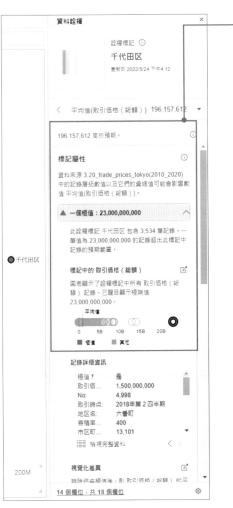

⑥ 從中可以發現金額非常高的交易導致千代田區的平均成交價格受到影響。從視覺化分析也可以發現猶如天價的 230 億元成交價。
使用「資料詮釋」功能可讓建立了「平均值該不會是因為受到極端值影響,才會被拉高的吧?」這種假設的使用者直接從得到結論。請試著點選其他的說明,看看其他資料的詮釋吧。

在面海的地區中，哪一間旅館的收費與評論數皆高於平均值？

Data	\Chap03\3.21_airbnb_summary_listings.csv

Technique

☑ 背景地圖層　　　　　　　　☑ 篩選動作
☑ 平均線　　　　　　　　　　☑ 地圖的操作

題目

在計算值的時候，以多張工作表組成儀表板，就能使用在視圖深入探討資料的篩選動作。

這次要根據 Airbnb 住宿設施資料找出在面海的 Neighbourhood（市區町村）之中，Room Type 為 Hotel room，而且平均 Price（金額）高於平均值，總和 Number Of Reviews（評論數）高於平均值的 Name（宿泊設施名稱）在哪裡。

解答　　正確解答為 Keyaki/90 sq. m easy access from Haneda, Narita、205_BUREAU TAKANAWA/Shinagawa/Remotework&Free wifi。

欄	平均值（Longitude）
列	平均值（Latitude）
「標記」卡的「詳細資料」	Neighbourhood

❶ 這次要在顯示 Neighbourhood 的地圖套用篩選條件，找出符合條件的 Name。請參考左側表格，建立作為篩選來源工作表的第一張地圖。

❷ 從選單列點選「地圖」→「背景層」，再勾選「背景地圖層」的「郡／縣邊界」。

❸ 新增工作表，再參考下列表格建立套用篩選條件的散布圖。

欄	平均值（Price）
列	總和（Number Of Reviews）
「標記」卡的「詳細資料」	Name
篩選條件	Room Type ※點選「Hotel room」。以「單值（清單）」的方式顯示篩選條件

④ 接著要利用平均值畫線。從「分析」窗格將「平均線」拖至視圖，再放在「表」上面。

⑤ 接著要讓這兩張工作表組成儀表板。

⑥ 點選第一張工作表，顯示灰色框線。

⑦ 在工具頁籤點選「用作篩選條件」，讓圖示變成白色以及啟用篩選條件。

⑧ 接著要在第一張工作表選出面海的 Neighbourhood。請將滑鼠游標移動至視圖左上角，再從▲選擇「套索選取」。

⑨ 選取面海的 Neighbourhood。

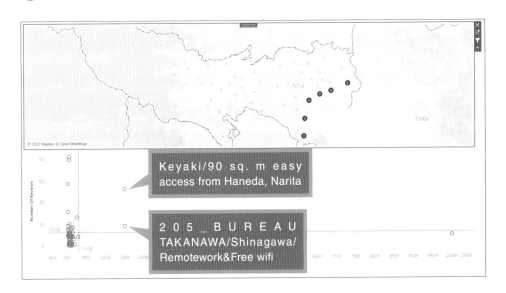

在最新年度有購買記錄的顧客比例有多少？

Data
\我的Tableau存放庫\資料來源＜版本編號＞\zh_TW-APAC\範例-超級市場.xls
※「我的Tableau存放庫」資料夾會在Windows 環境底下的「文件」或「我的文件」建立，macOS環境的話，
則是在「文件」底下建立。

Technique
☑ FIXED 的公式   ☑ 按住「Ctrl」拖放
☑ 快速表計算

題目

在處理銷售資料時，常常會將重點放在顧客行為再進行分析。

請問在超商購買記錄的所有顧客之中，曾在最新年度購買商品的顧客有多少比例？

解答   正確解答為 88.04%。

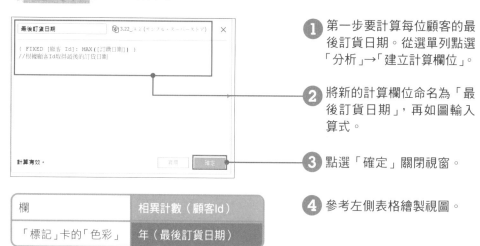

① 第一步要計算每位顧客的最後訂貨日期。從選單列點選「分析」→「建立計算欄位」。

② 將新的計算欄位命名為「最後訂貨日期」，再如圖輸入算式。

③ 點選「確定」關閉視窗。

④ 參考左側表格繪製視圖。

欄	相異計數（顧客Id）
「標記」卡的「色彩」	年（最後訂貨日期）

⑤ 接著要將顧客人數轉換成比例。在「欄」的「相異計數（顧客 Id）」按下滑鼠右鍵，點選「快速表計算」→「合計百分比」。

⑥ 接著要在視圖顯示標籤。按住「Ctrl」鍵將「欄」的「相異計數（顧客 Id）」拖放至「標記」卡的「標籤」。如果沒有顯示標籤，請將工具列的「標準」設定為「整個檢視」，或是在「標準」的檢視模式之下，將滑鼠游標移動到橫軸的標題下方，再拉寬圖表的寬度。

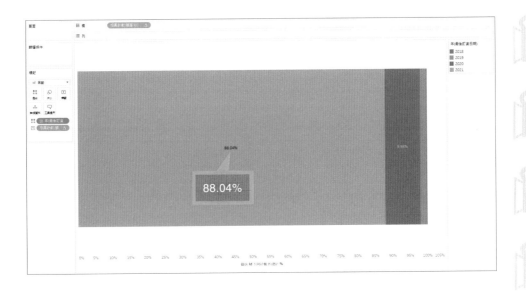

Point 將計算欄位的算式新增為計算欄位的方法

選取計算欄位的部分算式,再拖放至「資料」窗格,就能新增為計算欄位。以下
圖為例,先選取了計算欄位編輯畫面的「MAX([訂購日期])」,再將這個部分拖
放至「資料」窗格,新增為計算欄位。

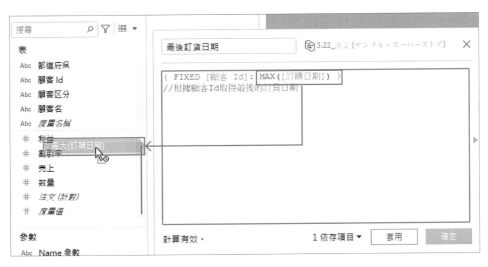

在東京都各區中，不動產成交價最高的是在哪個車站附近？

Data　\Chap03\3.23_trade_prices_tokyo(2020).csv

Technique

☑ 建立快速詳細等級計算　　　☑ 算式
☑ FIXED 的算式　　　　　　　☑ 利用搜尋文字建立篩選條件

題目

以視覺化分析手法分析各種「比例」是快速找出洞見（insight）的重要觀點。

這次要針對 2020 年東京都不動產交易資料的全區不動產交易價格，找出在東京都 23 區當中，附近成交價格比例最高的車站。

解答　　正確解答為半藏門站。

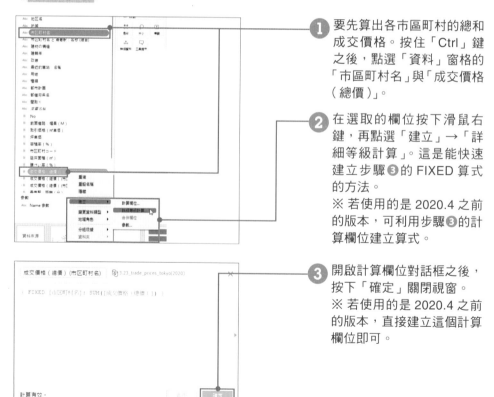

❶ 要先算出各市區町村的總和成交價格。按住「Ctrl」鍵之後，點選「資料」窗格的「市區町村名」與「成交價格（總價）」。

❷ 在選取的欄位按下滑鼠右鍵，再點選「建立」→「詳細等級計算」。這是能快速建立步驟❸ 的 FIXED 算式的方法。
※ 若使用的是 2020.4 之前的版本，可利用步驟❸ 的計算欄位建立算式。

❸ 開啟計算欄位對話框之後，按下「確定」關閉視窗。
※ 若使用的是 2020.4 之前的版本，直接建立這個計算欄位即可。

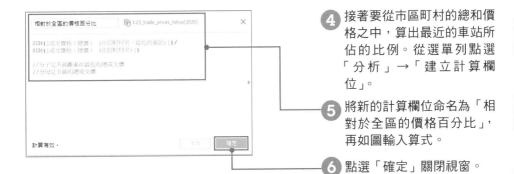

④ 接著要從市區町村的總和價格之中，算出最近的車站所佔的比例。從選單列點選「分析」→「建立計算欄位」。

⑤ 將新的計算欄位命名為「相對於全區的價格百分比」，再如圖輸入算式。

⑥ 點選「確定」關閉視窗。

⑦ 從「資料」窗格將「市區町村名」拖放至「篩選條件」功能區。

⑧ 在上方的文字區塊輸入「區」再按下「Enter」鍵，接著點選「全部」。

⑨ 點選「確定」關閉視窗。

⑩ 接著要建立視圖。從「資料」窗格將「相對於全區的價格百分比」拖放至「欄」，再將「最近的車站：名稱」拖放至「列」。

⑪ 點選遞減方式排序鈕 。

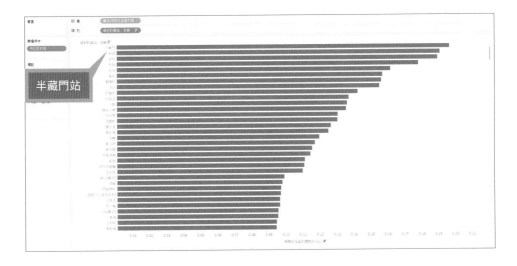

Section

3.24

Tableau

自由度與社會福利比日本低，但幸福度高於日本的國家是？

Data \Chap03\3.24_world_hapiness(2020).csv

Technique
☑ 集合
☑ 只保留選取的資料
☑ 利用選取的欄位排序

題目

在進行各種分析的時候，在視圖套用篩選條件是非常方便的方法。

這次要從 2020 年世界幸福度報告資料之中，找出 Explained by：Freedom to make life choices（選擇生活方式的自由度）與 Explained by：Social support（社會福利）低於日本，但是 Ladder score（幸福度）高於日本的國家。

解答

正確解答為 South Korea、Cyprus、Chile。

欄	總和（Ladder socre）
列	Country name
其他	遞減方式排序🔽

1️⃣ 參考左側表格建立視圖。

2️⃣ 接著要以顏色標記日本。在「資料」窗格的「Country name」按下滑鼠右鍵，再點選「建立」→「集合」。

3️⃣ 將集合的名稱設定為「日本」，再勾選「Japan」。點選「確定」關閉視窗。

4️⃣ 將「資料」窗格的「日本」拖放至「標記」卡的「色彩」。

5️⃣ 接著要找出 Ladder score 高於日本的國家。點選位於視圖的「Country name」第一列的「Finland」文字（不是長條），再按住「Shift」鍵點選「Japan」，選取「Finland」到「Japan」的國家。

6 在顯示的工具提示視窗點選「只保留」。

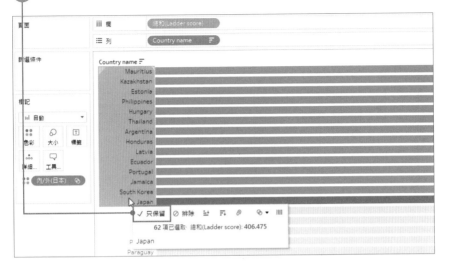

7 接著要找出 Explained by: Freedom to make life choices 低於日本的國家。將「資料」窗格的「Explained by: Freedom to make life choices」拖放至「欄」。

8 點選「欄」的「總和（Explained by: Freedom to make life choices）」，再從工具列的「升冪排序」。

9 點選位於視圖的「Country name」第一列的「South Korea」文字（不是長條），再按住「Shift」鍵點選「Japan」，選取「South Korea」到「Japan」的國家。

10 在顯示的工具提示視窗點選「只保留」。

11 接著要找出 Explained by: Social support 低於日本的國家。重複 **7**～**10** 的步驟，保留位於第一列的「Sourth Korea」到「Japan」的資料。

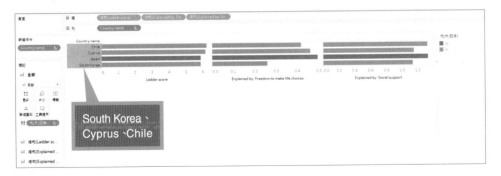

看了某部動漫作品的人，最常觀看哪些其他的動漫作品？

Data

\Chap03\3.25_anime\3.25__anime_rating.csv
\Chap03\3.25_anime\3.25__anime_listings.csv

Technique

☑ 建立與顯示參數 ☑ 指定欄位的篩選條件
☑ 參數的算式

題目

分析一起結帳的商品，或是分析同一個人使用了哪些服務，都屬於釐清人與行為、物品與服務相關性的分析，也常常能從中得到饒富趣味的結果。Tableau 有許多以視覺化手法建立這類思考流程以及呈現相關分析結果的方法。

這次要從動漫視聽資料「3.25_anime_rating.csv」與內含各動漫資訊的「3.25_anime_listings.csv」找出看了 Majo no Takkyuubin（魔女宅急便）的人，還最常看哪一部動漫作品（Name）。

解答　正確解答為 Sen to Chihiro no Kamikakushi（神隱少女）。

① 首先要合併兩筆資料。先與「3.25_anime_rating.csv」連線。

② 從左側窗格將「3.25_anime_listings.csv」拖放至畫布。

③ 確定兩筆資料以「anime_Id」串聯後，關閉視窗。

④ 接著要建立選取已觀賞動漫的參數。在「資料」窗格的「Name」按下滑鼠右鍵，再點選「建立」→「參數」。

⑤ 直接點選「確定」沿用預設值與關閉視窗。

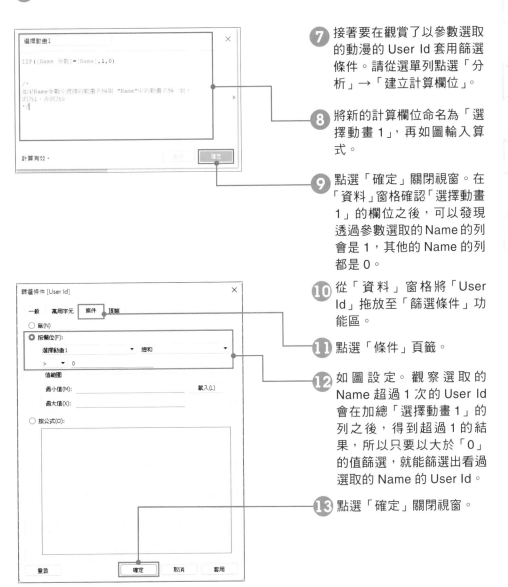

6 顯示參數。在「資料」窗格的「Name 參數」按下滑鼠右鍵,再點選「顯示參數」。

7 接著要在觀賞了以參數選取的動漫的 User Id 套用篩選條件。請從選單列點選「分析」→「建立計算欄位」。

8 將新的計算欄位命名為「選擇動畫1」,再如圖輸入算式。

9 點選「確定」關閉視窗。在「資料」窗格確認「選擇動畫1」的欄位之後,可以發現透過參數選取的 Name 的列會是 1,其他的 Name 的列都是 0。

10 從「資料」窗格將「User Id」拖放至「篩選條件」功能區。

11 點選「條件」頁籤。

12 如圖設定。觀察選取的 Name 超過 1 次的 User Id 會在加總「選擇動畫1」的列之後,得到超過 1 的結果,所以只要以大於「0」的值篩選,就能篩選出看過選取的 Name 的 User Id。

13 點選「確定」關閉視窗。

欄	計數（3.25_anime_rating.csv）
列	Name

14 參考左側表格建立視圖。

0

1

2

3

算出需要的值

171

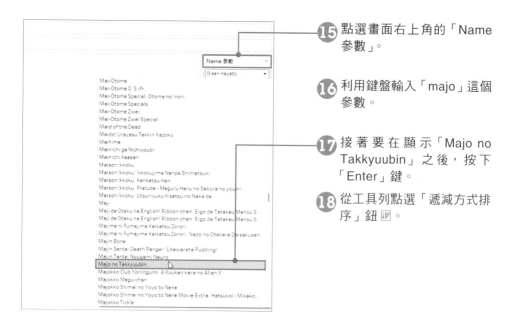

⑮ 點選畫面右上角的「Name 參數」。

⑯ 利用鍵盤輸入「majo」這個 參數。

⑰ 接 著 要 在 顯 示「Majo no Takkyuubin」之後，按下 「Enter」鍵。

⑱ 從工具列點選「遞減方式排序」鈕 📰 。

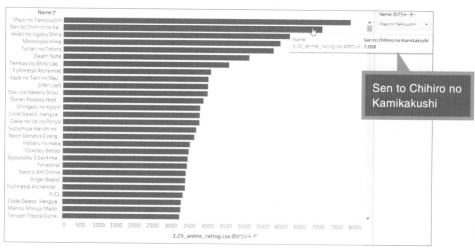

Point 計算欄位的文字大小

在計算欄位按住「Ctrl」鍵再滾動滑鼠滾輪，就能調整文字的大小。

理 想 的 資 料 來 源 格 式

使用 Excel、Google Sheet 這類資料或是從網站、系統下載的資料時,必須先判斷這些資料的格式是否適用於 Tableau,有時候還得調整格式。讓我們一起了解理想的資料格式吧。如果不知道資料的格式是否適用於 Tableau,可參考 Tableau 隨附的「範例-超級市場」。

● 欄位名稱只在第一列輸入,而且不換行

欄位名稱最好只在第一列出現。不過,有時候會遇到需要調整格式的資料,例如下圖例 1 這種標題出現在第一列的情況,或是欄位名稱斷成兩行的情況,也有可能會遇到儲存格已經合併的情況,這時候有可能需要利用「資料解釋器」調整格式。如果沒有欄位名稱的話,通常得在 Tableau 逐一輸入。

● 1欄只有1種度量

每種度量都獨立存成 1 欄。下圖是最理想的格式。

	A	B	C	D
1	類別	年月	銷售額	毛利
2	A	2021年1月	$147,000	$6,000
3	A	2021年2月	$197,000	$20,000
4	A	2021年3月	$147,000	$10,000
5	B	2021年1月	$130,000	$18,000
6	B	2021年2月	$160,000	$21,000
7	B	2021年3月	$130,000	$10,000

▲理想的資料格式

例 1 這種水平排列的資料通常需要調整格式。此時可以利用「資料透視表」轉換成垂直排列的格式,或是仿照上圖的理想的資料格式,將每個度量轉換成 1 個欄位。在建立散布圖矩陣或是遇到效能問題的時候,或許不太適合將資料調整成垂直格式,但在大部分的情況下,都應該調整成垂直格式。

▲需要調整格式的資料範例 1

假設遇到資料例 2 這種過於垂直分布的資料，可利用計算欄位或是 Tableau Prep 的「資料透視表（從列到欄）」功能調整成理想的資料格式，也就是將各度量轉換成不同的欄位。

	A	B	C	D
1	類別	年月	金額種類	金額
2	A	2021年1月	銷售額	$147,000
3		2021年1月	毛利	$6,000
4		2021年2月	銷售額	$197,000
5		2021年2月	毛利	$20,000
6		2021年3月	銷售額	$147,000
7		2021年3月	毛利	$10,000
8	B	2021年1月	銷售額	$130,000
9		2021年1月	毛利	$18,000
10		2021年2月	銷售額	$160,000
11		2021年2月	毛利	$21,000
12		2021年3月	銷售額	$130,000
13		2021年3月	毛利	$10,000

同一欄之中有多種度量

同上以空白呈現

▲需要調整格式的資料範例 2

● 輸入所有必要的資料
盡可能不要合併儲存格。不過，這種問題通常可以利用「資料解釋器」解決。此外，有時會遇到資料例 2 這種資料與前一列相同，就不另行輸入資料（空白）的情況，而這種問題無法利用資料解釋器解決，所以請務必輸入與前一列相同的值。

● 排除多餘的資訊
不要輸入小計或是注意事項。這些多餘的列都利用「資料來源篩選器」篩選再進行分析。此外，Tableau 也能算出小計。也要記得不要在文字的前中後輸入空白字元，如果不小心輸入了，可利用 Tableau 刪除。

● 1張工作表1種資料

盡可能不要讓 1 張工作表有很多種資料。不過,若是有很多張表格,「資料解釋器」還是能夠判斷。建議大家將不同的表格放在不同的工作表。

● 1個儲存格1筆資料

1 個儲存格盡可能不要輸入數字、單位或是其他的資訊。不過,逗號或是括號都可利用「自訂分割」這項功能排除或分割。

● 數值都以半形字元輸入

欄位的數值請務必以半形字元輸入,因為全形的數值無法被判斷為整數類型的資料。

資料來源

本書的 Chapter 1 ～ Chapter 3 使用了下列表格裡的資料。在此列出的資料全收錄在本書的「附屬資料」中。

■ 官方機構、外圍團體發表的資料

出處	「PCR 檢查實施人數」 「PCR 檢查實施件數」 「需要入院治療者的趨勢」 「重症者數的趨勢」（日本厚生勞動省）	對應章節	1.8, 1.15, 2.2, 2.10, 3.4, 3.10, 3.13
URL	https://www.mhlw.go.jp/stf/covid-19/open-data.html		

出處	「過去的氣象資料」（源自氣象廳官網）	對應章節	1.1
URL	https://www.data.jma.go.jp/gmd/risk/obsdl/index.php		

出處	「各地區、年齡推估投票率清單（眾議院議員選取）」	對應章節	1.5
URL	https://catalog.data.metro.tokyo.lg.jp/dataset/t000023d1700000006		

出處	「生活與統計 2020 區市町村統計表」 （東京都總務局統計部）	對應章節	1.6
URL	https://www.toukei.metro.tokyo.lg.jp/kurasi/2020/ku20-23.htm		

出處	「男女各年齡層人口與人口性別比－總人口數、日本人人口（2019 年 10 月 1 日現在）」 「人口推估」（總務省統計局）	對應章節	2.17
URL	http://www.stat.go.jp/data/jinsui/index.html		

出處	「國籍／每月 訪日外國遊客數（2003 年～ 2021 年）」 （日本政府觀光局）	對應章節	1.18, 2.15
URL	https://www.jnto.go.jp/jpn/statistics/visitor_trends/index.html		

出處	「犯罪發生資訊（年度）平成 31 年（令和元年）（飛車搶劫）」（警視廳）	對應章節	2.4
URL	https://catalog.data.metro.tokyo.lg.jp/dataset/t000022d0000000034		

出處	「不動産取引価格情報検索」（国土交通省）	對應章節	1.6, 2.1, 2.6, 2.11, 2.12, 3.7, 3.20, 3.23
URL	https://www.land.mlit.go.jp/webland/servlet/MainServlet		

■ 國外網站

出處	Access to electricity（% of population）	對應章節	1.20, 2.5
URL	https://data.worldbank.org/indicator/EG.ELC.ACCS.ZS		
使用規範	Attribution 4.0 International (CC BY 4.0) https://creativecommons.org/licenses/by/4.0/deed.en		

出處	Anime Recommendations Database Recommendation data from 76,000 users at myanimelist.net	對應章節	1.16, 1.19, 3.3, 3.25
URL	https://www.kaggle.com/CooperUnion/anime-recommendations-database?select=rating.csv		
使用規範	CC0 1.0 Universal (CC0 1.0) Public Domain Dedication https://creativecommons.org/publicdomain/zero/1.0/		

出處	Apple (AAPL) Historical Stock Data Apple stock data for the last 10 years	對應章節	1.7
URL	https://www.kaggle.com/tarunpaparaju/apple-aapl-historical-stock-data		
使用規範	CC0 1.0 Universal (CC0 1.0) Public Domain Dedication https://creativecommons.org/publicdomain/zero/1.0/		

出處	Coffee Quality database from CQI A database scrapped from Coffee Quality Institute	對應章節	1.14
URL	https://www.kaggle.com/volpatto/coffee-quality-database-from-cqi?select=merged_data_cleaned.csv		
使用規範	Database: Open Database, Contents: Database Contents https://opendatacommons.org/licenses/dbcl/1-0/		

出處	Forbes Celebrity 100 since 2005 (for Racing Bar) Database of highest paid celebrities including actors, athletes, personalities	對應章節	1.17, 2.14
URL	https://www.kaggle.com/slayomer/forbes-celebrity-100-since-2005		
使用規範	CC0 1.0 Universal (CC0 1.0) Public Domain Dedication https://creativecommons.org/publicdomain/zero/1.0/		

出處	Full Emoji Database Emoji names, groups, sub-groups, and codepoints	對應章節	1.10
URL	https://www.kaggle.com/eliasdabbas/emoji-data-descriptions-codepoints?select=emoji_df.csv		
使用規範	CC0 1.0 Universal (CC0 1.0) Public Domain Dedication https://creativecommons.org/publicdomain/zero/1.0/		

出處	Hotel booking demand From the paper: hotel booking demand datasets	對應章節	1.2, 1.11, 2.8, 2.13
URL	https://www.kaggle.com/jessemostipak/hotel-booking-demand		
使用規範	Attribution 4.0 International (CC BY 4.0) https://creativecommons.org/licenses/by/4.0/deed.en		

出處	Inside Airbnb【listings】【reviews】	對應章節	1.3, 2.16, 2.20, 2.9, 3.11, 3.16, 3.21
URL	http://insideairbnb.com/get-the-data.html		
使用規範	CC0 1.0 Universal (CC0 1.0) Public Domain Dedication https://creativecommons.org/publicdomain/zero/1.0/		

出處	Japan Real Estate Prices Real Estate Transaction Prices in Japan from 2005 to 2019	對應章節	1.9, 1.13, 3.1, 3.14, 3.18
URL	https://www.kaggle.com/nishiodens/japan-real-estate-transaction-prices		
使用規範	Attribution 4.0 International (CC BY 4.0) https://creativecommons.org/licenses/by/4.0/deed.en		

出處	Japanese Jôyô Kanji List of common use kanji and their radicals.	對應章節	3.17
URL	https://www.kaggle.com/anthaus/japanese-jy-kanji?select=kanji_radicals.csv		
使用規範	Attribution-ShareAlike 3.0 Unported (CC BY-SA 3.0) https://creativecommons.org/licenses/by-sa/3.0/deed.en		

出處	S&P500_11year_History Stocks from 2010 through 2020	對應章節	2.3
URL	https://www.kaggle.com/shawnseamons/sp500-11year-history?select=SP500_11year.csv		
使用規範	CC0 1.0 Universal (CC0 1.0) Public Domain Dedication https://creativecommons.org/publicdomain/zero/1.0/		

出處	Spotify Multi-Genre Playlists Data Featuring Spotify's audio features for various songs from various playlists	對應章節	1.12, 2.7
URL	https://www.kaggle.com/siropo/spotify-multigenre-playlists-data		
使用規範	Community Data License Agreement ? Sharing, Version 1.0 https://cdla.dev/sharing-1-0/		

出處	Tsunami Causes and Waves Cause, magnitude, and intensity of every tsunami since 2000 BC	對應章節	3.5, 3.15
URL	https://www.kaggle.com/noaa/seismic-waves?select=waves.csv		
使用規範	CC0 1.0 Universal (CC0 1.0) Public Domain Dedication https://creativecommons.org/publicdomain/zero/1.0/		

出處	WORLD DATA by country (2020) Extracted data of Wikipedia's lists of countries by criterion	對應章節	3.9
URL	https://www.kaggle.com/daniboy370/world-data-by-country-2020?select=GDP+ per+capita.csv		
使用規範	Attribution-ShareAlike 3.0 Unported (CC BY-SA 3.0) https://creativecommons.org/licenses/by-sa/3.0/deed.en		

出處	World Happiness Report up to 2020 Bliss scored agreeing to financial, social, etc.	對應章節	1.4, 2.18, 2.19, 3.2, 3.6, 3.8, 3.12, 3.19, 3.24
URL	https://www.kaggle.com/mathurinache/world-happiness-report		
使用規範	CC0 1.0 Universal (CC0 1.0) Public Domain Dedication https://creativecommons.org/publicdomain/zero/1.0/		

···INDEX 索 引

作者簡介

松島七衣

於早稻田大學大學院創造理工學研究科修滿學分。 曾於富士通株式會社服務，並從2015年之後， 在Tableau Software擔任銷售工程師， 長達6年半的時間。 2018年，於經濟產業省主辦的「Big Data analysis Contest」 首次的可視化獎項透過Tableau獲頒金獎。 該作品也被Tableau公司的Viz of the Day選為優質儀表板。 在2018年至2020年這段期間，在日經XTREND撰寫主題為實用的視覺化分析專欄。除了擁有Tableau最高級證照「Tableau Desktop Certifi ed Professional」之外，還擁有Salesforce、Dataiku、Alteryx、SAS、IBM這類統計或AI的相關證書。

著有《Tableauによる最強・最速のデータ可視化テクニック 〜データ加工からダッシュボード作成まで〜》(翔泳社)、《Tableauによる最適なダッシュボードの作成と最速のデータ分析テクニック 〜優れたビジュアル表現と問題解決のヒント〜》(翔泳社)

實戰 Tableau 資料分析與視覺化分析

作　　者：松島七衣
封面設計：嶋健夫
文字設計：K's Production
譯　　者：許郁文
企劃編輯：蔡彤孟
文字編輯：江雅鈴
設計裝幀：張寶莉
發　行　人：廖文良

發　行　所：碁峰資訊股份有限公司
地　　址：台北市南港區三重路 66 號 7 樓之 6
電　　話：(02)2788-2408
傳　　真：(02)8192-4433
網　　站：www.gotop.com.tw
書　　號：ACD022400
版　　次：2023 年 08 月初版
建議售價：NT$480

國家圖書館出版品預行編目資料

實戰 Tableau 資料分析與視覺化分析 / 松島七衣原著；許郁文譯. -- 初版. -- 臺北市：碁峰資訊, 2023.08
　　面；　公分
　　ISBN 978-626-324-456-6(平裝)
　1.CST：資料探勘　2.CST：商業分析
312.74　　　　　　　　　　　　　　　112002901

讀者服務

● 感謝您購買碁峰圖書，如果您對本書的內容或表達上有不清楚的地方或其他建議，請至碁峰網站：「聯絡我們」\「圖書問題」留下您所購買之書籍及問題。(請註明購買書籍之書號及書名，以及問題頁數，以便能儘快為您處理)
http://www.gotop.com.tw

● 售後服務僅限書籍本身內容，若是軟、硬體問題，請您直接與軟體廠商聯絡。

● 若於購買書籍後發現有破損、缺頁、裝訂錯誤之問題，請直接將書寄回更換，並註明您的姓名、連絡電話及地址，將有專人與您連絡補寄商品。